Stop Working & Start Thinking

과학자가 되기 위한 두뇌훈련법

군자출판사

Stop Working & Start Thinking
과학자가 되기 위한 두뇌훈련법

첫째판 1쇄 인쇄 | 2008년 11월 1일
첫째판 1쇄 발행 | 2008년 11월 10일

지 은 이 Jack Cohen · Graham Medley & Ian Stewart
옮 긴 이 김 진 · 김경신 · 류재인 · 린다 킬패트릭
연세대학교 구강종양연구소
발 행 인 장주연
편집디자인 김성아
표지디자인 이지선
발 행 처 군자출판사
등 록 제 4-139호(1991. 6. 24)

본 사 (110-717) 서울특별시 종로구 인의동 112-1 동원회관 BD 3층
Tel. (02) 762-9194/5 Fax. (02) 764-0209
대구지점 Tel. (053) 428-2748 Fax. (053) 428-2749
광주지점 Tel. (062) 228-0252 Fax. (062) 228-0251
부산지점 Tel. (051) 893-8989 Fax. (051) 893-8986

www.koonja.co.kr

* 파본은 교환하여 드립니다.
* 검인은 옮긴이와의 합의 하에 생략합니다.

ISBN 978-89-6278-037-6

정가 20,000원

역자 서문

내가 이 책을 처음 접한 것은 몇 년 전 미국 암학회에 참석할 때였다. 행사장에 전시된 암 관련 최신 문헌들을 살펴보던 중, 어느 출판사 부스에서 암과는 전혀 관련이 없는 "STOP WORKING & START THINKING"이라는 제목의 책이 눈에 확 띄었다. 당시 진행하던 연구가 잘 안 풀려서 무언가 근본적인 대책을 찾아야 하는 것이 아닌가 생각하고 있기도 했고, 또 수십 명의 학생들을 대상으로 하는 학부 강의와 달리 소수의 대학원생들을 지도하는 일이 정말 버겁다고 느끼던 때였다. 그러던 차에 이 책의 서문을 읽으면서 당시 내가 막연하게 찾던 대책이 바로 이거다 하는 느낌과 함께, 평소에 학생들에게 꼭 해주고 싶은 얘기가 구체적으로 총 망라되어 있음을 느꼈다. 과학은 국경을 초월한 언어라고 하더니, 나뿐만 아니라 지구 반대편의 과학자들도 대학원생들과의 소통이나 학위논문 지도에 비슷한 고민을 하고 있었구나 생각하니 큰 위로가 되었다. 제목에 나와 있듯이 이 책은 과학자가 되려는 사람들(대학원생과 박사 후 연구원 등), 그리고 더 나은 과학자가 되고 싶은 과학자들 모두에 도움이 되는 책이라고 생각한다. 또한 근본 원칙은 자연과학을 하는 사람뿐만 아니라 사회과학을 하는 사람에게도 도움이 되리라 생각한다. 그래서 과학을 하는 사람 모두 이 책을 읽고 나처럼 길을 찾고 영감을 얻게 된다면 역자로서 이보다 더 보람된 일은 없겠다.

처음 생각과는 달리 실제 번역을 하면서 어려움이 많았다. 전문용어를 그대로 써야 할지 우리말로 바꿔야 할지, 아주 희귀한 단어들은 어떻게 해석해야 할지 등…. 되도록 저자의 의도가 그대로 전달될 수 있도록 함께 번역한 사람들과 수없이 많은 회의를 거쳐 뜻을 모았고, 연세대학교 학부대학 실용영어 Linda Kilpatrick-Lee 교수의 도움을 받았으며, 저자들과 같은 영국인인 연세대학교 의과대학 연구교수 Darren Williams의 자문도 구했다. 6장부터 9장까지의 번역을 담당한 류재인 박사는 영국 UCL(University College London)에서 구강 보건학 박사학위를 받았으며, 10장에서 13장까지 번역한 김경신 선생은 신문방송학으로 미국 미시간 주립대학교(Michigan State University)에서 석사학위를 취득하고 지금 우리 대학에서 치의학 박사 논문을 한참 준비 중인 대학원생이다. 무엇보다 김경신 선생의 적극적인 노력이 없었다면 이 책의 번역은 결실을 맺기 어려웠을 것이다.

역자로서 바라는 것이 있다면, 독자들이 이 책을 통해 지도교수의 대학원생 지도가 좀 더 수월해지고, 대학원생이나 연구원들은 자신이 하고 있는 연구는 자신이 가장 많이 이해하고 있음을 인식하여 자신감을 가지고 모방이나 답습이 아닌 참된 과학자로서의 길을 찾을 수 있었으면 하는 것이다. 언젠가 대학원생에게 그 학생의 담당 연구과제와 관련된 질문을 하였더니 돌아온 대답은 '그러면 선생님은 해답을 아시나요?' 였다. 물론 내 대답은 'NO' 였다. 선생의 역할은 단지 학생이 그 길을 좀 더 쉽게 찾을 수 있도록 손전등(아니, 교수에 따라서는 형광등일 수도 있겠다)을 비춰주는 것이고, 그 길을 찾아가는 것은 학생들의 몫이라고 말해주었다. 이 책을 읽고 학생들이 자신감을 갖고 신나게 그 길을 가주기를 바란다. 비록 헤맬지라도…. 마지막으로 이 번역본이 책으로 나올 수 있도록 선뜻 수락하여 주신 군자출판사의 장주연 사장님과 언제나 웃는 얼굴로 이 일을 성실히 맡아준 김미영 과장님께 감사의 마음을 전하고 싶다.

2008년 시월의 어느 멋진 날에

역자 대표 김진

추천의 글

Stop Working & Start Thinking?: 성공하는 공부벌레가 되는 법!

제목만 보고는 이 책이 뭐하는 책인지 짐작하기 어려울 수도 있겠다는 생각이 든다. 일하기를 멈추고 생각을 시작하라고? 생각 좀 하며 살라는 얘기 같기도 한데, 생각을 하려면 꼭 일손을 멈춰야 하는 걸까? 일하면서 생각할 수는 없는 걸까? 그런데 그런 제목 바로 밑엔 또 '대학원생과 연구원을 위한 두뇌훈련 지침서' 라는 부제가 적혀 있다. 두뇌훈련 지침서라면 독자더러 IQ 높은 이들의 모임이라는 멘사(Mensa) 회원이라도 되라고 권하는 것인가? 아니다, 이 책의 목표는 IQ가 아니다.

이 책의 저자들은 다른 구체적인 목표를 염두에 두고 있다. 그것은 성공적인 학생, 성공적인 연구자다. 이들은 이 책이 주로 생물학 분야의 연구자들을 위해 집필되었지만 자연과학 전반, 그리고 사회과학 분야의 인력들에게도 도움이 되기 바란다고 말한다. 내 생각에 저자들의 기대는 정당하다. 이 책은 읽는 사람의 활동 분야를 막론하고 더 성공적인 학생, 성공적인 전문가로 발돋움하는 데 필요한 디딤돌 하나를 제공할 것이다.

하지만 누군가가 서점에서 이 책을 손에 들고 뒤적거리다가 우연히 맨 뒤의 후기를 읽는다면 뜻밖의 구절을 발견하게 될 것이다. 훌륭한 석사논문 혹은 박사논문을 만들어내고픈 이들에게 주는 마지막 묘안을 저자들은 이렇게 제시한다. "**그런 것은 없다.**" 그렇다, 이 책은 무슨 중요한 지식이나 비결을 알려주지 않는다. 저자들의 말대로 그런 비결 같은 것은 없다(그리고 그런 비결 타령하는 사람은 성공하기 어렵다). 이 책에서 만날 수 있는 것은 수수께끼 같기도 한 물음들, 과학도의 일상과 가까운 일화들, 그리고 그런 일화에 그려진 상황에서 최선의 결론으로 나아가는 과정의 예시 정도다. 그런 것이 무슨 도움이 될까?

토마스 쿤의 표현을 이용해 말하자면 과학자는 전문가로 살아가는 대부분의 시간을 특정한 패러다임 안에서 보낸다. 그런데 이 책의 물음과 에피소드들은 이런 패러다임 자체를 구경하고 음미할 기회를 제공한다. 그것은 과학도가 전문가들의 사고방식을 미리 엿보고 맛볼 수 있는 기회인 동시에 그것보다 더 중요한 의미에서 자신이 수행할 전문가적 사유를 스스로 대상화시켜 바라볼 수 있는 계기이다. 그런 '스스로 객관화'는 자신의 업을 게임처럼 즐길 수 있게 해주는 열쇠이고, 오직 그렇게 즐길 수 있는 사람만이 자기 분야의 문제해결 패턴에 능숙한 전문가의 단계를 넘어 더 높은 경지로 날아오를 수 있다. 제목의 '일손을 멈추고…'는 이처럼 시선을 자신의 과제로부터 잠시 떼어 문제의 의미, 자기가 적용하고 있는 방법론, 자신의 사유 속에 숨어있는 가정 등을 음미하는 상황을 가리킨다고 보면 되겠다.

저자들의 의도를 존중하여 이 책을 먼저 생물학 또는 그 인접 분야에서 열심히 전문가의 길을 준비하고 있는 학생들에게 권한다. 이 책은 당장 그들의 머릿속에 꼭 필요하면서도 자칫 결여되기 쉬운 유연성과 탄력을 보태줄 것이고, 그리고 서서히, 능숙하게 전문가의 임무를 수행해가는 동시에 자신(들)의 작업을 메타적-반성적인 제3의 시선으로 음미할 수 있는 '고수'의 세계로 독자를 인도해갈 것이다.

또 나는 앞의 추천과 똑같은 강도로 이 책을 모든 자연과학도 그리고 오늘의 사회에서 과학이 지닌 의미를 제대로 인식하고 있는 모든 인문사회과학도에게 권한다. 이 책은 과학적 사고의 특성과 과학자들의 행동양식에 관한 포괄적이면서도 꽤 신뢰할 만한 정보를 그 세계의 느낌이 전달되는 생생한 방식으로 제공해준다.

뿐만 아니라 이 책은 독자를 자연스레 다양한 난이도의 두뇌훈련으로 끌어들일 것이고, 결국 읽는 이의 '활성 IQ' 상승을 유도할 것이다. 교과서와는 전혀 다른 종류의 책을 만들고 싶은 저자들이 교과서 식의 이론적 접근을 지양하는 까닭에 이 책의 문맥만으로는 충분한 '지식'을 챙기기 어려울 때도 있겠지만, 그것은 이 책의 유쾌한 간소함과 기꺼이 맞바꿀 만한 덕목이다.

저자들의 논의 속에 펼쳐진 수학적 사고의 패턴과 사례들은 이 책의 중요한 가치를 담고 있다. 특히 전공영역을 막론하고 21세기의 지성인에게 중요한 기본이 될 확률적-통계적 사고에 관한 논의가 풍부한 예와 더불어 제시되고 있는 점은 이 책이 훨씬 더 넓은 범위의 독자군에게 유익한 독서를 제공할 수 있으리라고 확신하게 하는 이유가 된다.

부모들은 꼭 공부 잘하는 사람이 행복한 삶을 누리는 것은 아니라는 사실을 자신과 주변의 사례를 통해 스스로 잘 알고 있으면서도 자식이 공부 잘하길 원한다. 그렇다. 세상엔 공부 잘하는 불행한 사람도 있고 공부 못하는 행복한 사람도 많다. 그러나 부모가 기원하는 것은 자식이 공부 잘하는 행복한 사람이 되는 것일 게다. 이런 상황에 견주어 말한다면, 이 책은 공부의 길에 매진하고 있는 학생과 연구자들을 자신들의 게임을 제대로 즐길 수 있는, 그래서 당연히 그 임무에 단순히 종사하는 이들보다 한층 행복한 사람으로 이끄는 시도다. 그리고 나는 이렇게 행복한 전문가만이 진정한 정상(頂上)에 오를 수 있다고 생각한다.

인하대학교 철학과, 과학철학 전공
고인석

추천의 글

Science may set limits to knowledge,
but should not set limits to imagination.
Bertrand Russell (1872 - 1970)

대학원에 막 들어가 분자생물학의 기초 실험을 배우던 시절이었다. 연구하고자 하는 유전자를 클로닝하여 세포 내에서 발현시키고 그 표현형질을 관찰하는 실험을 하고 있었다. 처음으로 꽤 난해한 과정의 클로닝을 하게 되었는데 열 번 이상 시도를 해도 클로닝이 되지 않았다. 정말 열심히 주말도 밤에도 혼자 나와 계속 실험을 했는데 하여도 또 하여도 원하는 클론은 만들어지지 않았다. 학부 때 항상 열심히 하면 그에 상응하는 결과가 있다는 매력에 공부를 시작한 나로서는 참을 수 없는 절망감이었다. 나는 과연 내가 과학자가 될 자질이 있는지 극심한 회의가 들기 시작하였다. 그때 거의 울먹이던 나에게 지도교수님이 전해준 말씀은 놀랍게도 실험을 멈추고 며칠 좀 쉬라는 것이었다. 그러면서 특정 테크닉을 빨리 습득하느냐 아니냐는 과학자의 자질과 아무런 상관관계가 없다는 말씀을 하셨다. 그러나 그 때는 그 말씀이 단지 나를 위로하고 과학에 묶어두려는 말씀으로만 들렸지 선배 과학자의 진심으로 들리지 않았었다. 시간이 지나고 학위 과정이 끝날 즈음에야 과학이란 질문을 묻는 것이고 훌륭한 과학자란 좋은 질문을 던지는 사람임을 깨닫게 되었다. 좋은 질문은 어느 날 불현듯 떠오르는 영감에서 나오는 것이 아니라 현재 과학적 사실이 어디까지 답을 가지고 있는가를 정확히 알아야만 가능한 일임을 알 수 있었다. 또한 과학이란 가능한 모든 방법을 통하여 그 질문에 대한 답을 찾아 가는 과정임을 어렴풋이 깨닫게 되었다. 김 진 선생님에게 전해 받은 'Stop working and Start thinking'을 읽으며 대학원 과정을 처음 시작했을 때 내 모습이 떠올랐다. 그 때 누군가가 나에게 이런 책을 전해 주었더라면 나는 나 자신에 절망하지 않고 조금 더 긴 호흡으로 과학을 향해 한 걸음씩 걸어갈 수 있었을 것이라는 생각이 들었다.

요즘은 모든 것이 조급해진 시대, 우리 과학자들은 연구비와 논문 실적을 위해 생각할 시간 없이 결과를 정리해 내야 하고 그 밑에서 공부하는 대학원생이나 연구원들은 생각하고 질문하는 것을 배우기 이전 테크닉을 습득하고 실험 결과를 만들어 내기를 강요받는 시대를 살고 있다. 기계나 테크닉은 훨씬 발달했다고 하나 어쩌면 우리는 진정으로 과학하기가 더 어려워진 시대를 살고 있는지도 모르겠다. 이런 시대일수록 제대로 과학을 공부하고 과학적 연구를 제대로 수행하기 위해서는 과학 연구라는 것이 무엇이며 어떤 오류의 가능성이 있고 어떤 방식의 훈련된 사고로 접근해야 하는가에 대해 깊이 생각해 보는 것이 더 절실히 필요하다고 생각된다. 그런 의미에서 과학이라는 새로운 세계에 처음 발을 들여 놓는 대학원생들에게 이 책을 강력히 추천하고 싶다. 물론 이 책은 아주 쉽게 읽히는 책은 아니었다. 이 책을 읽으며 내용이 좀 더 쉽게 표현되었더라면 하는 아쉬움이 남는다.

나는 항상 처음 대학원에 들어오는 학생들에게 아래의 이야기를 한다.

이제 학문적으로 과학세계에서 걸음마를 시작한 것이다. 이 세계 속에서 질문을 찾는 법, 질문을 던지는 법, 질문에 대해 타인을 설득할 만한 답을 찾는 방법을 익히며 성장할 지 아닐 지는 학생들 본인에 달려있다. 선생인 나는 학생들이 점점 커가도록 도와줄 수는 있지만 크게 만들 수는 없다.

이 책이 과학 속에서 스스로 성장하기로 결심한 학생들에게 바른 방향을 제시할 수 있기를 기대한다.

너무 따뜻한 가을 날씨에 지구 온난화를 염려하며….

연세대학교 생화학과 교수
송기원

Stop working Start Thinking

목차

Chapter 01

서문

Preamble

대학원생들(대학 졸업 후 과정 및 박사 과정생 모두 일컬음)은 수련기간 동안 많은 기술적 지원 및 조언을 얻는다. 대학원생 여러분이 이 책의 주요 독자이다. 학위 과정동안 다양한 교과서가 여러분에게 이미 도움을 주고 있을 것이다[1]. 연구하는 과정에서 만나게 되는 모든 연구 장비, 시약, 재료 등에 대해서는 수많은 문헌과 전문가가 있다. 그러나 연구 장비에서 가장 중요한 부분의 하나인 "당신의 생각"을 어떻게 사용하는지에 대한 안내서는 없다. 연구를 수행하는 것은 마치 벽돌 벽에 머리를 부딪치는 일과 같다고 하며, 대학원 과정을 통해 어떻게 하면 이 일을 가능한 한 덜 힘들게 해낼 수 있을지를 배우게 된다고 한다[2]. 여기서

[1] 예를 들면 Phillips, E.M. and Pugh, D.S.(1994) *How to Get a PhD 2nd edn,* Open University Press; Tietelbaum, H.(1998) *How to Write a Thesis 4th edn,* IDG Books Worldwide; Dunleavy, P.(2004) *Authoring a PhD Thesis: How to Plan, Draft, Write and Finish a Doctoral Dissertation*(Palgrave Study Guides), Palgrave Macmillan. 인터넷을 탐색하면 훨씬 더 많은 책을 찾을 수 있음.

[2] Angela McLean양(지금은 박사)이 대학원 본부에서 조교이던 시절에 이와 같이 말하였음.

우리가 여러분에게 어떻게 생각해야 하는지를 설파하는 것이 주제넘어 보일 수도 있으나, 반드시 필요하리라고 믿는다.

수많은 학위 취득 예정자 —그리고 다양한 과정에 있는 연구자—가 우리와 함께 연구하고자 신청하고 있다. 잭 코헨(Jack Cohen)은 면접을 할 때 신청자에게 각기 다른, 그러나 공통된 주제에 대한 질문을 하였다. 가장 흔히 하는 질문 중의 하나는 '무슨 운동을 하느냐?' 였고, 이에 대한 다양한 대답을 들었다. 즉, '시골길 산책하기', '아침 식사 전 5마일 정도 조깅하기', '수영하기', 때때로 '아무것도 안함', '불충분함', '신체적 운동 안함' 등. 이에 잭 코헨(Jack Cohen)은 다시 묻는다. '당신이 올림픽 메달을 따기 위해 우리 실험실에 지원한 것은 아니잖습니까? 어떤 정신적 훈련을 하고 있습니까?' 정신적 훈련이 학습과정의 매우 중요한 부분이라는 점이 그들을 매우 놀라게 하였다(그러나 그들 대부분 *Zen and the Art of Motorcycle Maintenance 그리고/또는 Gödel, Escher, Bach: An Eternal Golden Braid*를 읽었을 때 매우 흥미로워 하였다).

학부학생에서 완전히 성숙한 연구자로 발전하기 위해서는 단순히 박사학위 논문만 작성한다고 되는 것이 아니라, 마음가짐의 변화가 필수적이다. 주지하다시피 박사학위란 당신이 같은 학위 과정생을 가르칠 능력이 있음을 의미하는 것으로, 학문의 영역에서 이보다 더 높은 자격은 없다[3]. 과학적 연구 과정에 대한 이해는 그 자체만으로 당신으로 하여금 같은 방법을 통하여 다른 사람들을 충분히 지도할 수 있게 하기 때문에, 이러한 두 가지 사실은 내적으로 관련이 있다. 우리는 이러한 과정을 통하여 당신에게 도움이 될 만한 지침을 제공하고자 한다.

학생이라는 신분은 연구자로서의 당신 인생에서 유일하게 행정적 교수적 업무를 합법적으로 회피할 수 있는 시기이다. 그것을 현명하게 이용하길 바란다. 물론 그로 인해 경제적인 어려움을 겪을 수도 있지만, 당신은 과학의 발전을 최종목표로 해서 어떤 어려움에도 불구하고 그것을 달성해야 한다. 당신은 많은 것

[3] A doctor of science(D.Sc) 학위란 Ph.D.가 제대로 주어졌음을 증명하면서, 해당 분야의 업적에 따라 후에 수여된다.

을 하지 않으면 안 된다. 논문도 작성해야 하고, 새로운 마음의 자세도 가다듬어야 하고, 과학적 발전도 이룩해야 한다.

박사학위 과정생은 자기 과제에 대하여 세상의 어느 누구보다도 가장 많이 알아야 한다고 생각한다. 박사학위 과정생이 구두시험을 치를 때, 심사위원들은 학생들이 본인의 주제에 통달하고 있음을 보여줄 수 있도록 도와주고자 한다. 학위 논문은 학위 과정의 핵심이며, 도서관에 소장된다. 구두시험이란 학위를 받을 만한 자격이 있는 학생들이 완전히 정통한 자신의 과제를 설명하면서, 일찍이 그전에 생각지 못했던 새롭고 흥미로운 질문을 도출해내도록 이끌어주는 과정이다. 이것이 바로 심사위원들이 하는 일이다. 물론 심사위원들이 단지 보수를 위해 이 일을 하는 것은 아니다.

확실히 영국에서는, 또한 일반적으로 다른 곳에서도, 대학원생들은 과학 발전의 원동력이다. 일반적으로 위험성이 높은 과제(즉, 결과를 내어 출판될 가능성이 별로 없는)를 받은 박사과정생들은 자신이 인간의 지식영역의 경계선상에 있음을 알게 된다. 지도교수와 원래의 과제가 당신을 이 경계선상에 붙잡고 있다고 느끼더라도, 당신은 꾸준히 매진하여야 한다. 각각 X에 대한 A의 효과, X에 대한 B의 효과, X에 대한 C의 효과를 연구하는 세 명의 학생을 지도하는 한 교수가 있다고 해보자. 어떤 과제가 당신에게 배당될지 상상해보라! 그러나 만약 당신이 그것을 발견하고 밝힐 수만 있다면, 경계선상 가까이에는 미개척분야가 있을 수 있다.

물론 여기에 약간의 대립이 있을 수 있다. 처음에 지도교수는 학생과 과제를 각각 분리하여 볼 것이다. 그러나 성공하는 학생은 이 두 요소를 단일한 성격으로 일치시키는 사람이다. 한편, 학생의 입장에서는 지도교수와 과제는 떼려야 뗄 수 없는 연결된 관계로 보인다. 그러나 성공하는 학생은 점차 이 둘을 분리하여 생각할 수 있게 된다.

자신의 과제가 인류의 정신세계를 변화시킬 수 있는 결과를 도출할 수 있다고 생각할 때에만 그것을 시작해야 한다. '네이처(Nature) 잡지에 실릴 만한 과제인가? 라고 자신에게 물어보아라. 우리의 목적 중의 하나는 이 질문에 대답을 할 수 있도록 도와주는 것이다. 이 책의 대부분의 장은 연구를 위하여, 예를 들어 실험 설계에 관하여 생각하는 방법과 통계를 이해하는 방법을 일러주고자 하였다.

11장에서는 일이 잘못되어 갈 때에 일어나는 현상과 다양한 문제들을 어떻게 해결할지를 설명하였다.

12장에서는 연구자로서, 실험을 시작하고, 진행하고 연구결과를 발표하고 논문을 작성하는 방법을 설명하고자 하였다. 저자들은 또한 연구팀의 다양한 스타일에 관하여 언급하였다. 당신이 만약 연구에 투신할 것인지 고민하고 있다면, 12장부터 읽기 바란다. 그리고 이 책의 후기(13장)도 꼭 읽었으면 한다.

생물학자로서 저자들은 생물학자들을 위하여 이 책을 썼다. 그러나 우리는 이 책이 보다 더 광범위하게 과학자들, 그리고 가능하다면 사회과학자들에게도 도움이 되기를 바란다. 이 책에 쓰인 생물학적 전문용어, 예를 들면 생물 이름 등을 많이 사용하여 미안하게 생각한다. 여러분이 이 생물에 관하여 전혀 관찰할 기회가 없는 과학자라면, 우리가 언급하는 포인트만 이해하면 된다. 하지만 생물학자들은 이 이름들을 이해하여야 하며, 그것의 아주 작은 일부도 실제로는 유기체로 이해될 것이다. 이 책에서 논쟁의 포인트는 통계학 영향에서 벗어나 생물학에 근간을 둔 실험 설계가 되도록 설명하고자 하는 것이다. 우리는 생물학을 전공하는 대학원생, 실제로는 생물학자가 얼마나 통계학적 이해가 부족한지에 대해 놀라곤 한다. 통계학(단백질 화학 혹은 방사선 물리학, x-ray 결정학 혹은 생태계에 대한 지식, 자연사 등과 같이)은 생물학적 문제와 관련된 많은 도구들을 가져 왔다. 통계학에 대한 이해의 부족은 생물학적 실험에서 통계의 역할에 대한 설명이 부족한 것에서 비롯된다고 본다. 우리는 이것을 바로잡기를 바라며 그래서 여러분이 보다 조직적으로 즉, 연구결과가 나온 후 뿐만 아니라 실험을 진행하기 전 생각 단계에서부터 통계를 사용할 수 있게 되기를 바란다(그렇다, 이러한 시도가 생물학자라는 우리의 타이틀과는 거리가 먼 것처럼 보일 수 있으나, 우리는 이를 개의치 않을 것이며, 여러분도 그럴 것이다).

Chapter 02 서론

Introduction

당신이 실험을 시작하기 전에 생각하려면, 때로는 자신이 그렇게 해온 것을 인식하지 못하면서, 뻔한 결론으로 몰고 가는 사람들에게 예견된 함정을 인지할 필요가 있다. 생각하기란 흔히 얘기하듯, 머리 속에서 그냥 나오는 것이 아니라, 학습해야 하는 기술이다.

2.1 함께 고민하기

야생의 세계를 다루는 텔레비전 방송국에 근무하는 한 카메라맨이 황야에서 동쪽으로 약 1마일 떨어진 곳에 있는 곰 한 마리를 관측하였다. 불행히도 촬영을 하기에는 태양이 부적절한 위치에 있었기 때문에 그는 북쪽으로 방향을 돌려 곧장 1마일을 걸어갔다. 그리고 남쪽으로 1마일 떨어진 곳에 있는 곰을 보고 –곰은 처음 위치에서 전혀 움직이지 않았는데도– 줌렌즈를 이용하여 아무 어려움

없이 촬영하였다. 그렇다면, 그 곰은 무슨 색깔이겠는가?

(모든 거리 계측과 방향은 정확하였고, 지구는 완전한 구형이라고 가정하자. 한 가지 이상의 가능성이 있다면, 그것을 모두 생각해보자. 사소한 색깔의 변화는 무시하라. 군데군데 진한 부분이 있는 붉은 색 계통의 갈색이면 '갈색' 으로 하자)

이러한 유의 수수께끼는 여러분에게 친숙할 것이다.－한 사냥꾼이 곰에게 총을 쏘는 이야기로 들었을 수도 있다. 실험방법론에 관한 이 책에서 무슨 얘기를 하려는 것인지 여러분은 아마 의아할 것이다. 두려워 할 것 없다. 모든 것이 곧 밝혀질 것이다. 그러나 여러분이 예상하는 대답으로 간단히 결론을 내리기 전에, 우주적 차원에서 한번 생각해보자. 동일한 시나리오와 상황, 그러나 이번에는 카메라맨이 은하수 III라는 행성에 있다고 가정하자. 이 은하계의 동결된 메탄으로 가득 찬 북극에는 파란 색의 곰이 서식하고, 탄산가스로 가득 찬 남극에 사는 곰은 자주색이며, 적도부분에는 초록, 노랑, 분홍색 등 각종 색깔의 곰들이 존재한다. 우연히도 이 은하수 III는 정확히 지구와 같은 크기이다.

파란색이라고 답했다면, 다시 생각해보라.

이 수수께끼의 초점은 기하학만큼 명확한 분야에서조차 근거 없는 가설을 세우기 쉽다는 것을 확인시키려는 것이다. 실험과학이라는 훨씬 더 복잡한 세계에서는 근거 없는 가설을 세우기가 더욱 쉽다는 것이다. 세운 가설들은 데이터가 무엇이든, 그것과 상관이 없어 보이기도 하고, 관찰된 데이터에 가설이 존재하지 않기도 한다. 그러나 실재한다. 데이터 그 자체는 완전히 객관적이더라도 －언제나 그런 것은 아니지만－ 그 데이터는 유용한 정보를 전달하기 위하여 해석되어야 한다. 이러한 해석의 단계는 연구자들에 의해 암묵적으로 또는 전혀 인지되지는 않지만 많은 가설을 내포하고 있다. 다소 애매한 상태로, 무엇을 측정해야 할지 어떻게 측정해야 할지에 대한 가설을 내포하고 있다. 이 가설이 무엇인지를 당신 스스로 인지하지 못하면, 여러분의 실험은 잘못된 결과를 낳을 것이다. 그러므로 주의를 기울여야 하고, 실험 계획을 세우기 전에 이러한 문제들을 고려하여야 한다.

이 책의 나머지 부분은 당신이 어떤 실수를 할 수 있는지, 또한 그 실수의 원인을 어떻게 찾아내는지 그리고 그 실수를 피할 수 있는 방법 등을 보여줄 것이다. 가장 중요한 것은 당신의 뇌를 활동 상태로 유지하는 것이다. 다른 사람들의 방법을 따라가는 것은 실험을 계획하는 안전한 방법이 될 수 있다. 결국, 심사위원들은 연구자의 결과를 출판하도록 허락하게 될 것이다. 순조로워 보이지만, 그러나 알다시피, 이 방법이 반드시 좋은 것만은 아니다.

곰 이야기로 돌아가 보자. 통념상 이 수수께끼의 해답은 '흰색' 이다. 첫 번째 주어진 정보에서는 일부러 의도한 것은 아니지만 곰의 색깔에 관한 정보가 포함되어 있지 않은 것처럼 보이나 사실은 함축되어 있다. 이 세상의 대부분 지역에서는, 만약 당신이 곰이 있는 곳에서부터 서쪽으로 1 마일 가서(이곳은 카메라맨이 있던 장소), 다시 1 마일 북쪽으로 가고(이곳은 카메라맨이 움직여 간 장소), 다시 남쪽으로 1 마일 갈 경우, 곰에게로 되돌아갈 수 없다(그림 2.1). 그러나 카메라맨이 있던 장소를 파악한다면, 곰의 종류가 무엇인지, 그래서 곰의 색깔에 관한 정보를 읽을 수 있을 것이다. 좀 더 생각해보면, 카메라맨의 최종 위치가 북극점이고, 애초에 곰과 카메라맨의 위치가 적절히 고려되었다면 이 기하학은 성립되는 것이다(그림 2.2). 그래서 그 곰은 북극곰이었고 따라서 당연히 흰색이 되는 것이다.

그림 2.1

극으로부터 멀어지거나, 편평한 세계에서는 이 기하학은 성립되지 않는다.

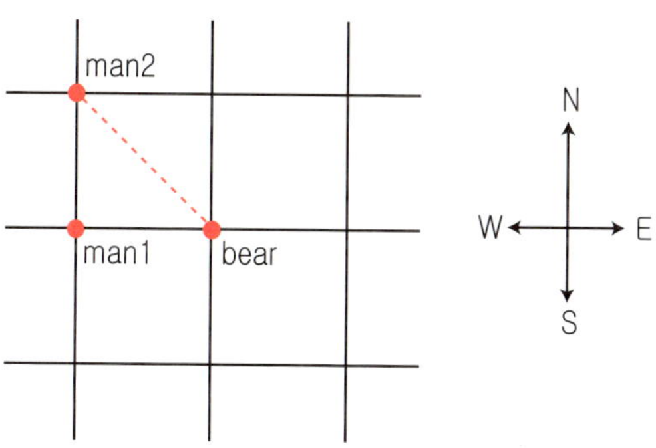

그림 2.2

북극에서는 위도와 경도의 기하학이 다르다.

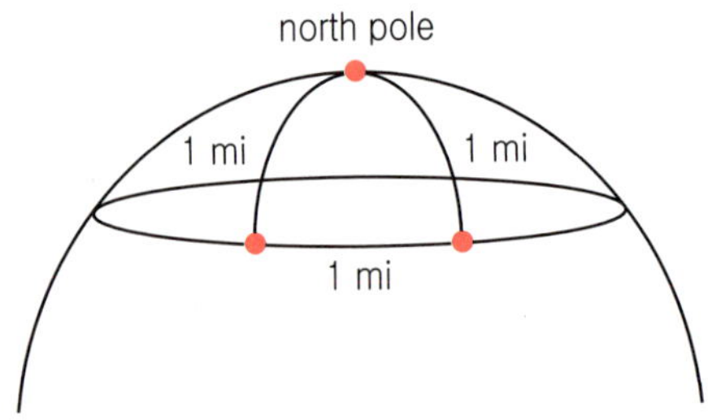

물론 서커스단 비행기가 북극 상공을 비행하다 추락하였고, 이때 갈색 곰이 도망쳤기 때문에 이 수수께끼에서 갈색 곰을 보았다고 주장할 수도 있겠다. 그러나 이런 해답은 억지스럽다는 것에 동의할 것이다. 언어란 너무나 부정확해서, 상상할 수 있는 모든 가능성을 다 배제할 수 없다. 당신은 더욱 모험적이고 진취적으로 생각해야 한다. 실험 과학에서도 정상적인 궤도를 이탈해서 실험을 몰아가는 예측하기 어려운 상황을 염두에 두어야 하기 때문이다.

은하수 III에 존재하는 다양한 색깔의 곰은 어떠한가? 그들은 실제로는 실리콘으로 만든 인조 곰이다. 그러나 '곰' 이라는 표현으로 충분하다. 우주 세계의 북극에서도 동일한 기하학이 성립된다. 그러면 곰 색깔이 푸른색인가, 그런가? 아니다. 아마 푸른색일 수도 있고, 아니면 자주색일 수도 있다. 정말로, 지구의 남극에 자주색 곰이 살고 있다면, 지구에서도 가능한 해답일 것이다. 이 수수께끼를 만든 사람에게는 다행스럽게도, 지구의 남극에는 곰이 살지 않는다. 서커스단 비행기가 추락하는 이야기는 논외로 해두자.

정확히 남극점으로부터 약 1/6 마일 떨어진 곳에는 둘레가 정확히 1 마일이 되는 위도선이 존재한다. 만약에 곰이 이 위도의 어딘가에 있고, 카메라맨도 곰과 같은 지역에 있다면 이 기하학은 잘 성립된다(그림 2.3). 만약 카메라맨이 오른쪽으로 서클을 돌려고 한다면 곰을 보기 어렵다는데 동의할 것이다. 그러나 우리는 카메라맨의 오른쪽 1 마일되는 곳에서 곰을 관찰했다고 설명하였다. 카메

그림 2.3
남극에서도 기하학은 다르다.

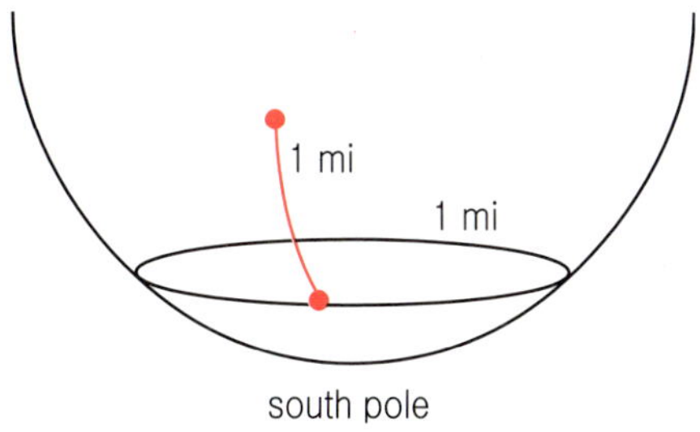

라맨은 그의 동쪽 1 마일 떨어진 곳에 있는 곰의 바로 위쪽에 있는 관계로 곰을 관찰하는데 아무 문제가 없게 된다. 그러므로 은하수 III의 경우, 해답은 자주색이 될 수도 있다.

지구 크기의 구형 행성의 경우, 적도 근처에서는 어디서도 그러한 기하학적 특수상황이 일어나지 않는다. 그래서 초록, 노랑, 분홍색의 곰들은 제외된다. 그러므로 정확한 해답은 파란색이거나 자주색이다.

곰이 존재할 수 있는 모든 가능한 장소를 나열해 보았는가? 전혀! 좀 더 극에 가까이, 즉, 위도 둘레가 정확히 1/2 마일이 되는 곳이 있고, 곰과 카메라맨 둘 다 이 지역에 위치한다면, 곰은 역시 카메라맨의 동쪽 1마일에 있게 된다. 서클을 두 번 돌면 된다. 그것이면 충분한가? 물론 아니다. 1/3 마일, 1/4 마일, 즉 1 마일보다 작은 1/n 마일 어디든 위도의 둘레에 대해서 같은 현상이 벌어진다. 합당한 마일을 확보하기 위하여 n번 만큼 돌면 된다.

어떤 위치에 있건 답이 달라지진 않는다. 왜냐하면 이 지역의 곰은 자주색이니까. 그러나 각 위도마다 다른 색깔의 곰이 서식하는 Bearblebrox 행성이라면……. 곰 색깔 맞추기는 제비뽑기가 될까? 한번 생각해보라.

2.2 해답 찾아보기

임금을 6개월마다 500 파운드씩 인상하는 방법과 매년 1,600 파운드씩 인상하는 방법 중에서 당신은 어느 쪽을 더 선호하는가?

분명히 후자일 것이다. 첫 번째 방법은 매년 1,000 파운드씩 인상되니까 두 번째 방법보다 좋아 보이지 않는다.

정말 그럴까? 예를 들어서 생각해보기로 하자. 연봉으로 10,000 파운드를 받는데(이 액수는 사실 문제가 되지 않는다), 2000년 1월 1일부터 시작했다고 가정해보자. 6개월마다 인상하는 경우는 1월 1일과 7월 1일에 올린다고 하고, 매년 인상하는 경우는 1월 1일이라고 하자. 이 두 경우에 해마다 올라가는 인상액을 보라. 매 6개월마다 계산된 액수의 차이를 비교해보라.

년도	£500/6개월	£1,600/년
2000년 1월	5,000	5,000
2000년 7월	5,500	5,000
2001년 1월	6,000	5,800
2001년 7월	6,500	5,800
2002년 1월	7,000	6,600
2002년 7월	7,500	6,600

놀랍지 않은가?

2.3 두 염소 이야기

이 교묘한 확률문제는 게임 쇼에 관한 이야기이다. 쇼의 수학적 모델은 다음과 같은 형태를 취하게 된다. 쇼 참가자 앞에 세 개의 닫힌 문이 있다. 한 문의 뒤에는 비싼 자동차가 있고, 나머지 문 둘 뒤에는 염소가 있다. 경기 참가자는 선택한 문 뒤에 무엇이 있든, 그것을 받는다. 참가자가 문을 선택한 후에 자동차가 어디 있는지를 아는 주최 측에서는 참가자가 선택한 문이 아닌 다른 문을 열도록 하여 그 문 뒤에 염소가 있음을 보여준다. 그리고는 참가자에게 혹시 먼저 했던 선택을 바꿀 의사가 있는지 묻는다.

먼저 기본적인 규칙을 살펴보자. 당신은 주어진 문 뒤에 자동차가 있을 확률이 1/3이라고 생각한다. 사회자는 어디에 자동차가 있는지 정확히 알고 있다. 그래서 그는 참가자가 어떤 문을 선택하든지 염소가 있는 문을 항상 선택할 수 있다. 여기에 문제가 있다. 만약 참가자들이 마음을 바꾸어서 열리지 않았던 또 다른 문을 선택한다면 참가자들에게 자동차가 돌아갈 확률이 더 높아지는가?

아이디어 1: 참가자가 선택할 수 있는 두 문이 남게 된다. 그들은 어디에 자동차가 있는지 모른다. 다른 쪽 문에 있을 가능성만큼 처음 선택한 문 뒤에도 자동차가 있을 가능성이 있다. 그들이 어느 문을 선택하든 당첨될 가능성은 1/2이다. 그래서 그들은 처음 선택했던 결정에 더 집착하게 된다.

아이디어 2: 참가자가 마음을 바꿀 경우 자동차가 당첨될 가능성은 1/3에서 2/3로 커진다. 왜냐고? 그들이 첫 번째 내린 선택이 맞았다면(1/3), 마음을 바꿀 경우, 자동차를 잃게 된다. 그러나 그 선택이 틀렸다면(2/3), 마음을 바꿀 경우 자동차를 타게 될 것이다. 그러니까 마음을 바꾸는 경우, 자동차를 타게 될 확률을 2/3가 된다.

아이디어 1은 설득력 있어 보인다. 그러나 동일한 논리로 마음을 바꿀 수 있음을 기억하라. 그리고 아이디어 2가 옳다면, 당연히 그렇게 해야 한다. 이상하게도, 아이디어 1을 믿는 사람 중에 생각을 바꾸는 사람은 거의 없다. 이것은 매우 기이한 현상으로 확률이론만큼 심리학이 작용하고 있음을 시사한다. 이러한 고려를 떠나서, 우리는 두 가지 서로 모순되는 그럴듯한 수학적 논쟁에 직면하게 된다. 아이디어 2의 기본은 매우 단순하다. 경기 참가자의 첫 번째 선택이 자동차에 당첨될 확률은 1/3이다. 이것을 반박하기는 어려워 보이며, 다음 사고단계도 논리적이다.

한편, 아이디어 1도 똑같이 그럴듯한 근거를 가지고 있다. 참가자가 선택하지 않았던 문중에 적어도 한 문 뒤에는 염소가 있다는 것은 알지만, 어느 문인지 어떻게 알겠는가? 제공된 두 문 모두 똑같은 확률이 있는데…….

두 가지 아이디어 중 어느 것이 옳을까?

확률이란 어떤 일이 일어날 가능성을 우리에게 알려주는 숫자이다. 확률 1/3인 사건은 결국 세 번 중에 한 번 일어날 것이다. 이런 해석은 아이디어 1의 가능한 정당성을 즉각적으로 제외시킨다. 참가자가 원래 선택했던 문 뒤에 자동차가 있을 확률이 1/3이었으나, 주최 측이 한 문을 열게 됨으로써 확률은 1/2이 되었다. 아니다. 보다 큰 규모의 시험을 해보자. 즉, 총 3백만이라 하자. 대략 1/3로 약 백만 개의 맞는 문이 있게 된다. 사회자가 문을 열어 염소를 보여주기 전에 자동차가 문 뒤에 있었다면, 사회자가 문을 하나 연 후에도 차는 여전히 그 자리에 있을 것이다. 만약 선택이 틀렸다면, 즉 2백만 경우에 속하였다면, 여전히 틀린 것이다. 따라서 전과 똑같은 백만 경우의 옳은 선택이 그대로 있다. 세 번 중에 한 번 즉 1/3의 확률이다. 옳은 선택을 하건, 틀린 선택을 하건 성공할 확률은 전혀 변하지 않는다.

여러분이 이 문제에 관하여 좀 더 깊이 생각한다면, 두 가지 접근 방법 중 하나는 암묵적 가정을 숨기고 있고, 이것이 그릇된 것임을 알게 될 것이다. 그러면 어느 것인가? 이런 유의 딜레마에 봉착할 때에는 종종 독립적인 증거가 도움이 된다. 이런 유의 문제를 다루는 컴퓨터 프로그램을 만들어서 엄청난 횟수로 돌려 참가자가 성공한 횟수와 실패한 횟수를 계산하는 것은 어렵지 않다. 마음 바꾸는 경우와 바꾸지 않는 경우 각각을 계산하여 비교해보라. 십만 번을 대상으로 시행해보면, 마음을 바꾸지 않는 경우는, 맞을 경우가 33,498번, 틀릴 경우가 66,502이다. 마음을 바꾸는 경우 숫자는 정확히 반대이다(우연이 아니고, 논리적인 검증으로. 하나가 맞으면 다른 것이 틀렸을 경우—아이디어 2의 주요 관점인). 여기서 나온 0.33498과 0.66502라는 확률은 확실히 1/3과 2/3에 가깝다.

만약 아이디어 1이 맞는다면, 우리는 오십만에 가까운 숫자를 얻었어야 한다. 그러나 그런 결과를 얻지 못했다. 그래서 실험 결과는 아이디어 2를 지지하게 된다. 직관적으로 그럴듯한 아이디어 1은 틀렸고, 직관에 반대되었던 아이디어 2가 옳았다.

사실상 아이디어 2의 타당성에 대한 수학적 증거를 제공하는 논거가 하나 있다. 문에 1, 2, 3 숫자를 매겨서 가능성을 나열해보자. 논리를 위하여 참가자가 문 1을 선택했다고 가정해보자(그들이 문 2 혹은 문 3을 선택했어도 마찬가지 결과가 얻어진다). 세 가지 가능성이 있다. 그리고 각각은 가능성이 같다(어느 문이든 문 뒤에 자동차가 있을 가능성은 1/3이므로). 이탤릭체로 된 염소는 사회자가 열어주는 문을 의미한다.

마음을 바꾸지 않는 경우

문 1	문 2	문 3	결과
자동차	*염소*	염소	**당첨**
염소	**자동차**	*염소*	실패
염소	*염소*	**자동차**	실패

마음을 바꾸는 경우

문 1	문 2	문 3	결과
자동차	*염소*	염소	실패
염소	**자동차**	*염소*	**당첨**
염소	*염소*	**자동차**	**당첨**

마음을 바꾸지 않는 경우는 세 번 중에 한 번 당첨될 수 있고, 마음을 바꾸는 경우는 세 번 중 두 번 당첨될 수 있다.

그렇다면 아이디어 1의 문제점은 무엇인가? 두 문만 가지고 가정해볼 때, 참가자가 문을 선택하기 전에 사회자가 문을 연다면, 두 문 중 하나에 자동차가 있을 확률은 똑같다. 그러나 참가자가 어떤 문을 선택하였느냐에 따라서 사회자의 선택이 달라지기 때문에 아이디어 1은 틀리게 되는 것이다. 이것이 바로 그런 경우이다.

몇 년 전에 저자는 텔레비전의 한 프로를 보았는데, 날씨에 관한 예측을 하여 엄청난 액수의 돈에 당첨된 한 남자가 있었다. 그는 4월에 비가 오는 날짜 수에서 2월 한밤의 평균기온(섭씨)을 빼면 짝수가 될 거라는 것과 같은 복잡한 내기를 했었다. 이 프로그램 중간에 인터뷰한 기상학자는 '어떤 정해진 날, 비는 올 수도 있고 안 올 수도 있다. 따라서 비가 올 확률은 50대 50이다' 라고 말했다. 저런! 그가 조금만이라도 숙고했더라면 그것이 사실과는 전혀 다름을 알았을 텐데. 어떤 날에 비가 올 확률은 여름에는 매우 낮고, 봄과 겨울에는 매우 높다. 그래서 항상 50대 50이 될 수는 없다. 영국이나 그 외 지구상의 여러 지역의 기상학자들은 강우량에 대해 축적된 기록을 가지고 있고, 때문에 여기서 특정 수치를 제공하는 것은 쉬운 일이다. 그런데 기상학자가 자신의 전문영역 내의 기본 확률에 대해 그런 엉터리 해석을 늘어놓으니, 날씨에 대한 복잡한 내기를 받아들인 주최 측만 불쌍하게 된 것이다. 그러니 그 남자가 어떻게 계속 큰돈을 딸 수 있었는지 알 수 있을 것이다.

무슨 실수를 하였는가? 사람들은 두 개의 선택권이 있을 때 두 경우 모두 경우의 수가 동일할 거라고 가정한다. 이 같은 실수가 아이디어 1을 더 매력적으로 만든다. 이러한 오류는 카드 게임 쇼에서 명확해진다. 52개짜리 카드 묶음에서 스페이드 에이스를 자동차로 생각하자. 그리고 나머지 51개 카드를 염소로 간주하자. 사회자는 당신에게 카드 묶음을 제공하고 한 개를 선택하라고 한다. 염소든 자동차든 그 카드에 나오는 것을 당신은 갖게 된다. 카드는 뒤집어져 있다.

당신의 카드에서 스페이드의 에이스가 나올 확률은 얼마일까? 1/52이다. 그러나 사회자는 나머지 카드를 뒤집어서 볼 수 있고 당신은 볼 수 없다. 그리고 탁자 위에 카드를 볼 수 있게 던지기 시작하는데 스페이드 에이스는 없다. 카드가 마지막 한 장만 남을 때까지 이 작업은 계속되고 아직 스페이드 에이스는 나오지 않았다. 그가 마지막 남은 카드 한 장을 엎어서 당신 옆에 놓는다. 사회자는 당신이 선택한 카드를 남은 카드와 교환할지 묻는다.

두 카드가 스페이드 에이스일 확률은 50 대 50일까? 전혀 아니다. 당신의 카드는 1/52 비율로 맞을 것이며, 그의 카드는 51/52 비율로 맞을 것이다.

왜? 그가 탁자 위에 카드를 던지기 시작할 때, 그가 가진 51개의 카드 중 적어도 50개는 스페이드 에이스가 아니라는 것을 당신은 알고 있다. 그러나 만약 그가 스페이드 에이스를 갖고 있다면 당신은 어느 카드가 에이스인지 모른다. 그리고 그 51개 카드 중 무작위로 한 장을 선택한다고 당신이 에이스를 잡을 확률이 더 높아지지 않는다. 하지만 그가 50장의 카드를 다 던지고 나면 당신은 51장 중 어느 것이 선택되었는지 당신은 알게 된다. 당신이 원래 선택했던 카드가 에이스였다면 마음을 바꾸는 것은 좋은 일일 수 없다. 그러나 스페이드 에이스가 사회자의 51장 카드 중에 있었다면 이제 스페이드 에이스 카드가 어디 있는지 당신은 정확히 알게 된다. 결국, 마음을 바꾸는 경우는 52분지 51 확률로 스페이드 에이스를 갖게 되며, 마음을 안 바꾸는 경우는 52분지 1의 확률로 스페이드 에이스를 갖게 된다.

논쟁의 여지가 없다.

두 카드가 뒤집어져 있을 때는 두 카드는 같아 보인다. 그러나 두 카드가 선택된 진행과정은 매우 다르다. 당신의 것은 52장 중에서 그 카드가 스페이드 에이스인지 아닌지 아무런 정보없이 그냥 1장을 선택한 것이고, 사회자의 카드는 스페이드 에이스인지 아닌지에 대한 확실한 정보를 가지고 51장 중에서 선택한 것이다. 둘의 확률이 같다고 생각하는 것은 오류이다. 이 행운이 따라준다면, 당신은 게임 쇼에서도 같은 상황에 처하게 될 것이다. 사회자의 선택은 당신에게 새로운 정보를 주고, 그 정보로 당신은 당첨될 기회를 잡게 되는 것이다.

확신이 서지 않는다면, 친구와 함께 카드를 가지고 한번 시도해보아라. 진정으로 확신이 서면 돈내기를 해보아라.

2.4 두뇌훈련

앞의 세 가지 수수께끼 같은 이야기가 어떻게 이 책의 주제와 관계가 있는가? 어떻게 효율적인(실험적인) 과학자가 될 것인가?

주요 메시지는 간단하다. 질문이 명확하고 자료도 완전하고 정확하며 분명한 해결책이 있는 규칙이 명확한 분야에서조차, 인간은 가끔 잘못된 답변을 하곤 한다. 성급히 결론부터 내리려는 인간의 성향 때문에 이런 일이 발생한다. 이것이 언제나 나쁜 것만은 아니다. 사실, 오랜 시간 걸려서 내리는 까다로운 결정보다 빠르게 내리는 간단한 결정이 더 큰 생명력을 가질 수도 있기 때문에, 인간은 직관적인 결정 능력이 키워지도록 진화되어 왔다. 그러나 과학을 발전시키기 위해서는 장기적 지속성만큼 직관적인 생명력이 중요하지는 않다. 이러한 직관적인 결정의 큰 문제는 우리가 그것을 인지하지 못하고 있다는 점이다. 우리 생각 속에 그것이 있다는 것을 모른다면, 그것이 작용하고 있는지 점검할 수 없다. 이 점을 당신이 모르고 있는 것이 아니라, 그렇지 않다고 알고 있을 뿐이다.

또 다른 메시지도 있다. 곰 수수께끼의 경우, 거리라든지 방향 같은 필수적인 정보들이 처음에는 무관해 보이는데 곰 색깔이 무엇이냐는 질문을 받는다. 이 수수께끼는 일반적인 상황(그래프용지에 그은 가로줄과 세로줄처럼 기하학적으로 위도와 경도가 격자 형태로 이루어진 지구상의 거주 지역)과 특수한 상황(작은 원 형태의 위도선과 극을 가로지르는 경도선이 있는 북극 근처 지역)을 구분할 필요가 있음을 알려준다. 즉, 이러한 효과는 극 부근 구의 형태가 다른 한 점 부근의 형태와 거의 동일한 좌표체계를 선택함으로써 비롯된다. 그런 의미에서 이 수수께끼는 어떤 특정체계를 선택하느냐의 문제이며, 이런 일은 과학에서도 일어난다. 마지막 메시지는 특히 중요하다. 해결책을 찾는 과정에서 흔히 하는 실수가 가능한 답은 오직 하나라고 가정하는 것이다. 과학을 할 때도 역시 어떤 현상에 대해 하나의 그럴듯한 설명을 할 수 없을 경우 한 발짝 뒤로 물러서서 다른 설명은 없는지(이것이 더 적절할 수도 있다) 자문해 보아야 한다.

임금인상 수수께끼 또한 얼마나 쉽게 우리가 뻔해 보이는 결론을 내리는지, 또 그 뻔한 결론이 사실은 그릇될 수 있는지를 보여준다. 그리고 이런 유의 실수는 때때로 간단한 예를 통해 체계적으로 생각함으로써 피할 수 있음도 지적하고 있다.

염소에 관한 이야기도 마찬가지 메시지를 더욱 강력하게 주고 있다. 많은 사람들이 마음을 바꾸는 것이 실제로 당첨될 기회가 높다는 사실을 믿으려고 하지 않는다. 우리는 확신을 얻을 수 있는 증거가 없음에도 지름길(남아있는 두 문에 똑같이 가능성이 있다는)에 더 매력을 느낀다[1]. 어떤 확률 계산도 컴퓨터 실험도 그들이 틀렸음을 확신시켜 줄 수 없다. 확신을 하고 있는 우리조차 마음 한구석에 중대한 어떤 것을 놓치고 있을지 모른다는 의구심이 들 때도 있다. 훈련이 안 된 인간의 마음에서 확률은 직관적인 개념이 아니다[2]. 이것이 바로 우리가 왜 도박에서 그릇된 결정을 하는지, 왜 많은 사람들이 통계를 믿는 것이 불가능한지, 그리고 여러 상황에 내재된 위험요소에 대한 이해가 왜 부족한 지에 대한 이유이다.

통계학적 분석은 전통적인 실험 설계의 근간을 이룬다는 점에서 매우 조심하여야 한다. 기계적으로 통계학적 방법을 배우는 것은 매우 위험하다. 통계학적 방법이 어떻게 만들어졌으며, 무엇을 위한 것이며 그것의 한계는 무엇인지에 대해 정확히 알고 있지 않는 한, 중대한 실수를 범할 수 있으며, 실수를 했다는 사실조

[1] 만약 이 쇼의 사회자가 당신에게 마음을 바꿀 기회를 줄지 말지를 결정한다면, 해답은 그가 어떻게 할지에 달려있다. 예를 들어 그가 당신에게 당신이 선택한 문 뒤에 자동차가 있을 때만 기회를 준다고 가정해 보라. 이런 유의 잠재의식적인 고민이 바로 사람들이 마음을 바꾸는 게 더 낫다는데 동의하지 못하는 이유가 된다.

[2] 베이지언(Bayesian) 예를 보라(8장 2절).

차 인식하지 못할 수 있다. 학술지에는 통계학을 잘못 해석한 논문도 다수 실려 있다. 때로는 각 연구 분야들이 이러한 초기의 오류에서 출발하여, 바로 잡는데 수십 년이 걸리는 과학적 허상—사실적 근거가 없는 이론이나 실험—을 만들어 내기도 한다.

비록 어떤 가정이 명백하다는 강력한 직감을 가지고 있더라도, 당신은 틀릴 수 있다. 당신의 가정들을 검토하라. 특히 자신이 만들었다는 것조차 깨닫지 못하고 있는 잠재의식적인 가정부터….

Chapter 03 과학이란 무엇인가

Science like what it is done

3.1 과학이란 무엇인가?

과학이란 과학자가 하는 것, 어린이가 학교에서 과학시간에 배우는 것, 그리고 과학 교과서에 수록된 내용이라고 한다. 과학은 또한 방송 매체 과학특파원이 우리에게 전하는 내용이며, 실험실에서 집중하여 진행되는 것일 것이다. 이들은 모두 각기 다른 활동들이며, 그 어떤 것도 쉽게 정의되거나 묘사될 수 없다. 그런데도 이들 모두는 '과학' 이라 불리고 있다. 이는 과학의 문제가 아니라 정의의 문제이다. 이것을 설명하기 위하여 정의하기 어려운 다른 개념을 생각해보자. '살아있음' 이 무엇을 의미하는지 생각해보자. 당신도 그리고 우리도 살아있다(당신이 이 책을 읽는 시기에는 이미 아닐 수도 있겠지만). 참나무도 살아있고, 아메바도 살아있고, 박테리아도 마찬가지이다. 그러나 바이러스는? 결정체로 된 바이러스는? 세포 내의 미토콘드리아는? 가을에 죽어서 떨어진 낙엽은(아마도 그 안에 세포 한 쌍이 있어 초인적인 노력을 기울이면 싹을 틔울 지도 모른다)? 핵이 없는 적혈구는? 각각은 어떤 이유에서든 살아있는 것으로 혹은 아닌 것으로 취급되고 있다. 과학에서도 똑같은 방식이 적용된다. 영아반 학생들에게 흰개미를 보여주는 선생님, 전시장에 라벨을 만들기 위하여 증기압에 대한 설명 방법을 찾아내는 박물관 큐레이터, 방사선 조사 자료를 설명하기 위하여 방정식을 고민하고 있는 수리물리학자, 램프에 잡힌 벌레들을 분류하고 있는 생태학자, 전이 원소에 관하여 강의하는 대학 교수, 실험실에서 감히[1] 커피를 마시면서 실험결과에 대해 토론하고 있는 대학원생 등—매 순간 당신의 관점에 따라 이 모든 것이 과학일 수도 있고 아닐 수도 있다. 그러니 정의에 관하여 더 이상 고민하지 말라.

과학이란 지난 300여 년 동안 서구 사회에서 몇 종류의 질문으로부터 파생된 매우 다양한 활동으로 생각할 수 있다. 여러 기준에 비추어 보았을 때 세상을 이해하기 위하여 인간이 고안한 가장 성공적인 수단이다. 서구 문화에서는 '이해(understanding)' 란 어느 정도까지는 과학이라는 언어를 사용하여 과학에 근거한 설명을 받아들이는 것을 의미하였다. 그러나 첨단기술, 현대 의학, 컴퓨터, 의사소통 등을 다루는 우리의 능력은 모두 '이해' 에서 비롯되어 왔다. 어떤 다른 생각하는 방식으로는 이것을 수행할 수 없었다. 또한 각 단계마다, 각각의 기술적 주제들은 자신의 학문영역 발전의 원동력이 되어 왔다. 기술이 먼저인지, 이론적 배경이 먼저인지 우리는 묻지 않는다. 이론과 실제 사이에서 각각은 서로를 보완하면서 연관(complicity)[2]되어 왔다. 이렇게 서로 다른 활동들이 서로를 배양하면서 'extelligence' [3]라는 인간문화의 축적된 자산의 커다란 부분을 점진적으로 형성해 왔다. 또한 extelligence는 성숙하고 발전하면서 인간의 지식(intelligence)을 보완하고 각각의 지식 성장의 양분이 되고 있다.

필자가 제일 선호하는 과학에 대한 정의는 이안 스튜어트(Ian Stewart)가 내린 것

[1] 실험실의 안전 수칙에 대한 중대한 위반이다.

[2] Cohen, J. and Stewart, I.(1994) *The collapse of chaos; Simple Laws in a Complex World*. Penguin, Viking, New York.

[3] Stewart, I. and Cohen, J.(1997) *Figments of Reality*. Cambridge University Press, Cambridge.

이다: '과학이란 우리가 원하는 것을 믿으려는 경향에 대한 최선의 방어책이다.'

과학적 학습에는 이상한 성질이 있다. 과학적 학습은 스스로 그 자신을 파괴한다. 다음 세대의 과학자들이 더 영리할 수 있으나, 더 적게 알고 더 적게 기억해도 된다. 왜냐하면 과학적 이론들은 서로 무관해 보이는 사실들을 관련짓기 때문이다. 메다워(Medawar)는 '이론은 사실을 파괴한다' 고 하였다. 이것을 설명하는 어리석지만 유용한 방식이 있다. 뉴턴(Newton)이 만유인력의 법칙을 발명하기 전(아니, 발견인가?) 사람들은 불꽃은 위를 향하고, 사과, 사람, 자갈, 사기컵 등은 아래로 떨어진다는 것을, 그리고 달의 궤도는 이러저러하고 등등을 모두 기억해야 했다. 만유인력이 발명된 후로는 '우주의 모든 물체는 질량에 비례한 힘으로, 거리의 제곱에 반비례한 힘으로 서로 끌어당긴다' 는 것만을 알면 되었다. 그래서 물은 거슬러 올라가지 않는다는 것을 이해하게 되었다. 또 화성의 궤도도 알 수 있게 되었다. 그리고 그 외 다른 모든 것에 중력의 법칙을 적용하는 것은 열심히 외워서 배울 필요가 없는 일상적인 일이 되어 버렸다. 중력법칙만 기억해서 적용하면 되니까. 모든 과학에서 이 같은 일이 벌어진다. 식물을 분류함으로써 '노란색 꽃이 피는 식물이 있는데 어쩌고 저쩌고…….' 라고 일일이 설명하는 대신에 그냥 민들레라고 말하면 된다. 그리고 피자 식물에 속하는 국화과 식물에 대하여 민들레, 데이지, 다알리아, 국화 등을 같은 종류로 묶을 수 있게 되었다. 이 꽃들은 수많은 작은 꽃들이 모여서 커다란 꽃 한 송이를 이룬다. 그리고 일단 화학자가 성분에 이름을 붙이고, 그들을 조합하거나 분석하는 법칙과 단어를 만들면, 우리는 그것들을 레고 블록 다루듯이 연금술사의 공식보다 훨씬 간단하고, 훨씬 신뢰도 있으면서 쉽게 조작할 수 있다. 염화나트륨, 황화 우라늄, 메캅토 에탄올 등은 모두 화학자들 간의 규칙에 따라 간단히 명명된 것이다. 음악이나, 다른 종류의 예술 같은 인간의 문화에서는 이처럼 자신의 역사를 파괴하지는 않는다. 이 점이 과학을 보다 배우기 쉽게 만든다.

과학이 이와 같이 성장하기 위하여, 즉, 복잡하고 이해하기 어려운 것들을 학교의 교과과정으로 단순화시키기 위하여, 우리가 발견한 것 혹은 우리가 발명한 것들이 바람직한 것인지 지속적으로 검토해야 한다. 추측한 것을 책에 싣는 것은 바람직하지 않다(비록 많은 사람들이 이런 식으로 하는 것을 당신이 알았더라도). 과학은 새로운 아이디어의 유효성을 검증하거나 기각하는 다양한 공인된 방법을 가지고 있다. 과학자들은 이것이 무엇인지를 별로 배우지 못한다. 수영에 능숙한 많은 사람들과 함께 수영장에서 수영을 연습하면서 수영을 배우는 것과 같이 우리들 대부분은 그렇게 과학을 배운다. 이 책은 이러한 시도들 즉, 다양한 수영 방법, 물속에서 어떻게 어렵게 호흡을 하는지 등을 지면으로 옮기고자 노력하였다. 책을 통해서는 우리가 당신들에게 수영하는 법을 직접 가르칠 수 없다는 것을 알고 있다. 비록 대부분의 과학자들이 곧바로 뛰어들어 작업(working)부터 시작하는 경향이 있지만, 그보다 먼저 '지금 내가 무엇을 하고 있는지' 생각해보는 것은 매우 좋은 아이디어이다. 물론 이 책이 출판된 후에도 그들은 여전히 그렇게 하겠지만….

3.2 과학하는 방법

과학은 질문하는 것이다. 그리고 그 질문에 대한 해답을 찾기 위하여 여러 가지 방법을 추구한다. 여기에는 관찰과 측정, 조사, 실험방법 등이 포함된다. 각기 다른 문제의 해결책을 찾기 위해선 각기 다른 접근방법이 필요하며, 어떤 방법을 써야 할지를 아는 노련한 과학자는 과거에 수차례 제대로 해내지 못했던 방법을 사용한다. 이것은 아무리 강조해도 지나치지 않는다. 자신이 모른다는 것을 인정하는 것이야말로 가장 중요한 출발점이다. 모든 과학자는 어디가 틀리고, 어디가 맞았는지, 그리고 어디를 몰랐는지 알아야 한다. 정말로 우리들에게 가장 큰 문제는 우리가 옳다고 확신할 때와 틀렸다고 확신할 때 모두 똑같이 느낀다는 점이다.

과학의 지적인 구조가 어떻게 진행되는지 보도록 하자. 분명히 튼튼했던 지적 골격이 아무 소용이 없거나 엉터리인 것으로 밝혀지거나 반대로 해석하는 것이 더 나은 경우도 있다. 만약 당신이 학생이고 실험실에서 실험을 한다면, 그리고 모든 것이 안내책자에 의거하여 적혀 있는 그대로 되어야 하는 대로 일을 하게 된다면, 당신은 아무것도 배우지 못한다(약간의 실험 방법을 제외하고). 그러나 당신이 실험 전에 실험 기구를 바꾸고, 온도를 변화시키고, 다른 기준을 사용하고, 코드를 다시 적고, 농도를 두 배로 늘인다면, 당신이 했던 실험에 대하여 가능성을 관찰하게 되는 것이다. 당신은 아마 실질적으로 그것을 이해하게 될 것이다. 당신은 다른 사람에게 이것을 설명할 수 있게 되고, 그들의 이해력을 높일 수도 있다.

이것이 왜 우리가 관찰하는 방법을 배워야 하는지, 또한 관찰된 내용 중에서 어떤 결과를 선택해야 하는지에 대한 이유이다. 그리고 이해되기 시작하면, 다른 방법으로 관찰을 했어야 한다는 것을 깨닫게 될 것이다. 이것이 왜 측정한 값이 얼마나 반복적이고, 믿을 수 있는지, 그러나 부정확한지 평가하는 방법을 배워야 하는 이유이다. 우리는 조사하는 방법을 배워야 하고, 해답을 제공할 수 있는 질문의 본질을 깨달아야 하고, 더 광범위하고 복잡한 실험 설계 전에 예비실험이 선행되어야 할 경우를 예측해야 한다. 마지막으로 우리 과학자들은 미지의 세계를 파헤치는 실험을 수행하기 위하여(전문가가 되고자 한다면) 우주를 변형시키는 자신만의 방법을 발견해야 한다. 우리는 이것을 실험이라 부르며, 그래서 실험하는 방법을 반드시 배워야 한다.

많은 과학자들은 실험하는 방법을 배워본 적이 없다. 그러나 그들은 매우 잘 한다. 중요한 것은 실험을 하기 위하여 이해할 필요는 없다는 점을 기억하는 것이다. 사람들은 정자와 난자에 대하여 알기 전부터 아기를 만들어 왔다. 아기는 시각에 대한 어떤 훈련도 없이 보게 된다. 같은 방법으로 많은 사람들은 과학이 어떻게 수행되는지 전혀 이해 없이 과학을 잘 한다. 이해를 하는 과학자들은 책에서 일부 배웠을지 모르나, 대부분은 다른 과학자와 같이 작업하면서 배웠을 것이다(특히 기꺼이 건설적인 비판을 아끼지 않는 동료로부터). 박사 과정생의 지도교수는 아직은 과학적이지 못한 대학원생들에게 과학적 절차요소들을 가르치게 되고, 그들 중 대부분은 자신의 방법이 명확히 무엇인지도 모른 채 성공적인 과학자가 되기도 한다. 이것은 마치 수영에 능숙한 사람 옆에서 그들과 같은 방법으로 수영하면서 수영을 배우는 것과 같다. 앞에서 말했듯이 이런 종류의 학습을 책에서 가르치는 것은 어려운 일이다.

이러한 과학적인 기술을 구축해가는 방법이 있음을 우리는 믿고 있다. 그러나 과학의 이론에 대한 연습 같은 종류는 아니다. 과학적 방법론은 실제 상황 즉 실제 수수께끼와 같은 것에 적용할 때, 가장 잘 이해된다고 생각한다. 그러므로 이 책의 대부분은 일화와 경험담으로 구성된다. 실험과학을 하는 우리 실험의 대부분은 생물학이므로 여기서 우리가 사용한 대부분의 예는 생물학적인 것이다. 그러나 때때로 물리학적, 화학적 혹은 심리학적인 수수께끼들도 포함하였다.

여기서 반드시 언급해야 할 쟁점이 있다. 이에 대한 우리의 입장은 교육, 특히 과학교육에서의 현재의 경향과 반대되는 것이다. 과학자, 특히 열심히 공부하고 있는 야망이 있는 과학자는 현상세계의 문제에 대한 실질적인 연구를 수행하여야 한다고 생각한다. 현상 세계와 동떨어진 연구(그러나 30년 동안이나 학생들에게 같은 연구를 시켜왔으므로 교사나 교수는 해답을 알고 있는 것)도 아니고 컴퓨터상의 모델(항상 제대로 작동된다는 교육적 장점이 바로 그것을 쓸모없게 만들어 버리는)도 아닌 것이어야 한다. 학생들은 자신이 사용하는 유기체를 모으고, 측정하고 키워야 하며, 그것들을 직접 다루고 씻어내야 할 뿐 아니라 자신이 쓰는 프로그램도 직접 만들고 조정할 수 있어야 한다. 학생교육에 키트를 사용하는 것이 못마땅하지만, 컴퓨터 화면으로만 보고 직접 실험하지 않는 것보다는 훨씬 낫다. 1980년대에 JC의 동료는 실습시간에 Siamese 물고기(Betta splendens) 를 사육하거나 혈관계에 대한 그림을 그리기 위하여 줄무늬 열대어(zebra fish) 알을 사용하는 대신 몇 년 전 JC가 만든 매우 값싸고 반복적으로 사용할 수 있는 방법인 필름을 쓰려고 하였다(그러나 JC는 이 방법이 편리할 순 있지만 교육적이지는 못하다고 생각했다). 학생들이 실제로 그 일을 하는 것 대신에 그 전 학생들이 해변에서 직접 유기체를 모으고 관찰했던 필름으로 대체하자고 동료들이 제안했을 때, JC는 30년간 몸담았던 그 기관을 그만두었다.

또 다른 편견은 어떤 학생들은 운이 있고, 어떤 학생들은 운이 없다고 생각하는 것이다. 우리는 이것이 운명이나 유전이라기보다는 인생의 문제/기회/도전에 대처하는 법을 배우는 과정이라고 생각한다. 우리가 지도했던 가장 운이 좋았던 학생은 앞으로 며칠 동안의 계획을 머리로 검토하고 어떤 일이 생길지를 미리 예측하며, 자신들의 발목을 잡을 수 있는[4] 예기치 못했던 상황에 잘 대처하는 학

[4] Dan Dennett의 책 *Freedom Evolves*(Viking 2003)에 의하면, 보유할 만한 가치가 있는 유일한 자유의지는 피할 수 없는 것을 피할 수 있게 만드는 의지이다. 오디세이는 밧줄과 왁스를 미리 준비함으로써 사이렌의 유혹으로부터 벗어날 수 있었다.

생들이었다. 가장 불운한 학생들은 미리 머리로 그려보지도 않고 잘못 될지도 모르는 것들을 생각해보지도 않고, 그대로 다른 사람들이 한 일을 복사하거나, 그들이 보고한 그대로 따라 하는 학생들이었다. 학생들이 그저 시키는 대로 따라 할 때 우리는 정말 그것을 좋게 생각할 수 없다.

조직을 배양할 때나 DNA 비교를 할 때 필요한 굉장한 키트, 보고자 하는 물체에 자동적으로 맞추어 주는 현미경, 30가지 측정 결과를 읽을 수 있는 혈액 자동 분석기 등은 버스와 같다. 그것들은 그들이 하도록 프로그램이 되어 있는 곳으로 여러분을 안내한다. 이 책에서는 범위를 넓혀, 여러분들에게 자동차를 운전할 수 있도록 가르쳐서, 여러분들이 하고자 하는 여행의 목표와 목적지를 스스로 분별할 수 있도록 하고자 한다.

3.3 과학자들은 어디서 질문을 발견하는가?

뒤의 장에서 이해하게 되겠지만, 이 자체가 매우 어려운 질문이다. 그러나 여러분이 모두 경험해 본 적이 있는 두 가지 간단한 답변이 있다. 하지만 이 두 대답은 우주의 운행 질서와 같이 중요하고 심오한 질문이라고 생각하는 것과는 연관이 없다. 그럼에도 불구하고 많은 사람들이 과학자들이 질문을 찾는 방법은 심오할 거라고 믿고 있다. 사실은 자기보다 조금 더 영리한 과학자로부터 얻고 있는데도 말이다. 우주는 신경조차 쓰지 않는다.

첫 번째로, 질문을 얻는 사소한 예를 들어 보자. 당신은 시험장으로 들어가서 앉는다. 그리고는 시험지를 펼쳐서 문제를 읽는다. 문제는 '폐에서 조직으로 산소를 운반하는 혈액 단백질은 무엇인가?' 라든가 혹은 '산소운반 능력에서 헤모글로빈의 구조로 Bohr shift 을 어떻게 설명하는가?' 일 수 있다. 또한 '왜 하늘은 푸른 것인가?' 혹은 '파동역학이론에서 슈뢰딩거(Schrödinger)는 어떤 공헌을 했는가?' 등의 질문일 것이다.

이러한 질문들은 이 책을 쓰고 있는 우리의 입장과는 반대이다. 이러한 것은 당신들로 하여금 그들의 생각대로 생각하도록 당신의 관심을 돌리는 권위적인 질문들이다. 그들은 당신들에게 지식을 뽐낼 수 있는 기회를 주면서, 당신이 알고 있는 것을 찾아내고자 하는 사람들이다. 그들은 당신의 지식 기반을 테스트하기 위하여 질문하는 것일 뿐, 당신이 그러한 질문을 고안하도록 도움을 주지는 못한다.

어디서 질문을 얻는지에 대한 두 번째 답은 권위와는 좀 거리가 있다. 당신은 세포를 원심분리 한다든지, 빵을 굽는다든지와 같은 임무를 수행중이다. '원심분리기 헤드 직경과 속도로부터 파생되는 힘을 어떻게 계산하는가?' 라는 질문은 '210℃를 맞추기 위하여 오븐을 어떻게 세팅하는가?' 와 같은 질문이다. '이런 종류의 빵을 굽는데 가장 적합한 온도는 얼마인가?' 혹은 'DNA 배열을 확인하기 위한 가장 좋은 프로브는 어떤 것인가?' 도 같은 종류의 질문이다. '이 장소에 얼마나 많은 거미가 있는가? 유전자 돌연변이로 당뇨병을 유발하는 유전자의 DNA 배열은?' 도 그렇게 다르지 않다. 현장연구에 관한 교과서(저자가 방금 생각해낸 책)에서 권위적이지 않은 질문은 '몇 마리의 거미가 있는지 발견하기 위하여 당신은……해야 한다' 라고 쓰여 있다. DNA 배열 분석에 대한 권위적이지 않은 질문은 웹 사이트를 보면 된다.

우리가 이러한 종류의 질문을 무시하는 것은 아니다. 우리와 같은 과학자들은 동료들의 전문 기술이나 과학적 실험 가이드를 이용하면서 항상 이와 같은 질문을 해야만 한다. 이 내용은 5장에서 다시 다루기로 한다. 모든 과학자는 측정자와 관찰자를 동시에 고려하는 유능한 사람이어야 한다. 그러나 우리 동료 중 일부는 깊이 있는 과학에 관한 모든 질문은 이럴 것이라고 가정한다. 그들이 부르짖는 무엇을? 어떻게? 등은 과학 경영에 지나지 않는다. 우리는 이것은 비과학(非科學) (nonscience)[5](이것은 conscience와 운율이 같고 거의 nonsense하고 비슷하게 들린다)이라고 생각한다. 많은 과학자들이 과학이란 '무엇을, 어떻게?' 같은 종류의 권위적인 진실에 대한 것이며 절대로 '왜?' 에 대한 것은 아니라고 믿고, 대학 기말시험에 여러 종류의 문제를 출제한다. 그들은 자신이 출제

[5] Ford, B. (1971) *Nonscience*. Wolfe Publishers, London.

한 문제의 모범답안을 만들어 놓고, 그 답에만 만점을 주고, 그 이외 다른 답안은 감점을 한다. 그들은 자신이 견지하고 있는 진실관이 학생들에게도 그대로 이어지길 원한다. 우리들과 같은 생각을 가진 과학자들은 대부분의 과학적 질문에 정답이 오직 하나만 있다고 믿지 않는다. 심지어 학부 과정의 과학 기말시험에서 우리가 출제한 어려운 문제에서도 30점 받을 답안보다는 100점 받을 답안이 훨씬 많다.

당신의 문화에서 보는 진실의 근거는 무엇인지 생각해보자(12장에서 진실에 대한 문화적 차이에 대하여 논의하겠다). 여러분 중 일부는 정답이 하나라고 생각하며, 그 정답을 찾게 되면 행복해 한다. 그러나 우리들은 아직 정답을 찾지 못했다. 과학은 하나의 정답을 찾기 위해 수렴해가는 과정이다[6]. 일부 사람들은 약간의 모순을 가진 다양한 대답이 있어야 만족해 한다. 그리고 그들은 과학이란 다양한 설명을 필요로 한다고 생각한다. 수렴적 접근을 하든, 발산적 접근을 하든 둘 다 훌륭한 과학자적 태도이다.

과학에서는 둘 다 필요하다. 수렴적 과학자는 연구과제의 틀을 만들고 최근에 정해진 규칙을 평가한다. 과제의 기본이 무엇인지, 어디에 있는지, 어떻게 명명하는지, 또한 학부학생 수업계획에 무엇을 포함시켜야 할지를 결정한다. 그들은 잡지를 편집하고 연구심사위원회를 진행한다. 발산적 과학자는 끊임없이 규칙에 도전한다. 그리고 기존의 규칙을 변화시키기 위한 힘을 제공한다. 그들은 어떤 연구계획신청서가 어떤 결과를 낳을지 말할 수 없다. 훌륭한 과학자는 양쪽 입장을 동시에 취할 수 있다.

당신이 어떤 입장을 취하든, 옳다고 확신하는 것만큼 똑같이 그르다고 확신할 수 있다. 따라서 자신이 확신하는 정도에 따라 옳고 그름을 판단하지 않아야 한다는 것을 배워야 한다. 다른 사람들이 옳다고 확신하는 것도 때때로 아무런 무게를 둘만한 증거가 없다는 사실을 배워야 한다. 실제로 그들이 틀릴 수도 있기

[6] 대표적인 예가 '결정해 - 어느 쪽인지?' 라는 발언이다.

그림 3.1

호돼지는 가시털을 서로 부딪치며 짝짓기를 하고, 평행한 태양광선을 멀리서 보면 방사상으로 퍼져나가는 것처럼 보인다.

때문에 '나는 모릅니다' 라든지 '내가 틀릴지도 모릅니다' 라고 말하는 사람들을 믿는 것이 낫다. 춤추는 무용수와 마찬가지로, 훌륭한 과학자는 언제나 균형을 잘 맞추어야 한다.

과학이란 사고방식을 획기적으로 바꿀 수 있는 다양한 해답이 있는 중요한 질문에 관한 것이라고 우리는 생각한다. 예를 들어 분류학의 경우, 권위적인 질문에는 오로지 한 가지의 정답만이 있다. 그리고 수렴적 과학자는 동물과 식물을 분류하고 명명하면서 이 일을 잘 해내고 있다. 생식 생물학자는 두 마리의 호돼지(porcupine)를 보면서 의문을 품는다. 천문학자에게는 태양광선이 왜 서로 평행하지 않고 부챗살로 보이는가가 질문일 것이다(그림 3.1).

JC(이 책의 저자 중 한 명)의 박사학위 논문은 일부는 흰색이고 일부는 유색의 반점이 있는 새들과 포유동물의 존재가 질문이었다(Box 12.1 참조). '어떻게 호돼지가 교미하는가?' 혹은 '산화수은(mercuric oxide)은 무슨 색인가?' 등과 같이 해답은 단순히 우리 지식의 빈곳을 채우는 것일 수도 있다. 혹은 태양광선은 평행하지만 좁아지거나 넓어지는 것처럼 보이는 모순된 문제도 해결할지 모른다. 하지만 이러한 대답들은 '왜 호돼지는 교미가 어렵게 생겼는가?' 혹은 '왜 여러 산화화합물이 다양한 색깔을 가지는가?' 와 같은 '왜' 라는 질문으로 가는 기초단계에 지나지 않는다. 이러한 다양한 질문들의 해답을 위하여 관찰과 실험법을 고안하는 것은 쉬울 수도 있고, 어려울 수도 있고, 때로는 원칙적으로 불가능할 수도 있다. 그러나 사소한 질문들과는 달리, 그러한 질문들은 한 가지 정답으로 귀결되지 않는다. 이것이 바로 수렴적 과학자가 그러한 질문을 함으로써 동료들을 좌절하게 하는 이유이다. 여러분은 너무나 자주 어떤 것이 옳은 답인지 결정할 수 없다.

3.4 예측과 편견

우리는 어떤 것의 본질이나 과정, 또는 자연 그 자체를 설명하고, 그 설명으로부터 비롯된 예측을 검증함으로써 이해한 것을 확인한다. 철학자 포퍼(Popper)는 아무리 여러 번 우리의 예측이 옳은 것으로 드러나도, 그 설명은 확증된 것이 아니라고 주장하였다[8]. 즉, 예측이 단 한번 틀려도 그 설명은 실격되는 것이다. 그러므로 시간을 효율적으로 쓰기 위해서는 다양한 설명을 비교하여 잘못된 예측을 찾아내야 한다. 빈번히 일어나고 있는 일이지만, 절대 선입견을 가져서는 안된다. 특히 중요하고도, 근본을 바꿀 만한 새로운 설명을 검증하고자 한다면, 허술해 보이는 예측을 찾아야 한다. 다음해 3월 30일에 맨체스터와 시애틀에 첫비가 내릴 가능성을 예측하는 것이 다음해에 맨체스터와 시애틀에 비가 올 것을 예측하는 것보다 훨씬 훌륭한 것이다(맨체스터와 시애틀은 비가 자주 오는 지역이다).

그러나 대부분의 과학자들은 선입견으로 이루어진 뻔한 예측을 검증하려고 한다. 자신의 편견을 확고히 하고, 연구를 지원하는 연구비 지원 신청서에 작성된 연구 결과를 만족시키는 실험을 선호한다. 새로운 단백질 분해효소가 기존에 알려진 단백질 분해효소군의 일종과 관련이 있을 것이라는 것, 높은 에너지에서 분자 충돌, 혹은 새로운 각도는 그렇고 그런 양식을 형성할 것이라는 예측은 서쪽 해변에 비가 온다거나, 피지가 화창할 것이라는 등의 예측을 하는 것과 같다. 이론을 검증하는 것이 아니라, 선입견이 확인되는 것이다.

이런 종류의 실험은 안정적이다. 실험을 수행하기 위해서는 시간과 연구비가 필요하다. 당신의 학위 논문과 실험 보고서를 작성하기 위하여 수행할 실험이 필요하며, 이것은 당신의 존재와 연구비 지출을 정당화하는 것처럼 보인다. 실험실 책임자는 당신이 실험 결과가 잘나오는 실험을 수행하기를 바란다. 그러나 과학을 발전시키는 실험은 당신의 동료들 모두 결과가 나오지 않을 것이라고 생각하는 그런 종류의 것이다. 그리고 중요한 것은, 당신의 동료들이 대개는 옳기 때문에 그것을 하려고 하지 않는 것이다. 그래서 역설적이긴 하지만 우리는 여러분들이 관습적인 경지에서 볼 때 제대로 되지 않을 것처럼 보이는 실험을 해봐야 한다고 독려하고 싶다.

일반적으로 과학적 연구 업무의 정규적 과정을 밟는 동안에는 보다 안전한 실험

8) Popper, K.R. (1963) *Conjectures and Refutations*. Routledge and Kegan Paul, London.

을 수행하는 것이 적합하다. 표준 연구 장비를 가지고 통상적인 실험 기술을 연마하는 것이 매우 중요하다. 이런 것을 프로토콜 실험이라고 부른다[9]. 영국의 도로 위에 화물 자동차들이 점점 더 많이 '로지스(Logistics)' 라벨을 사용하듯이, 실험과 임상 키트는 당신이 사용할 수 있는 지침서인 프로토콜을 가지고 있다. 중요한 테스트가 필요하다고 생각될 때 프로토콜을 추가하거나 변경함으로써 연구 방법을 보완하거나 수정하기도 한다. 맨 처음 문제에 직면하게 되면, 다른 연구 결과와 이론에 잘 들어맞는 종류의 실험 즉, 안전한 예측에 의한 편견을 확인하는 종류의 실험을 하게 된다. 적어도 이러한 실험은 당신이 무슨 연구를 하고 있는지 알 수 있게 한다. 그러나 때때로 어떤 사람들은 모든 사람들이 독창적인 과학이라고 부르는 실험을 한다. 그들은 기대하기 어려운 예측, 만약 그 예측이 들어맞는다면 모든 사람을 놀라게 할 예측을 하지만, 항상 그것이 들어맞는 것은 아니다. 이러한 매우 놀랄만한 예측의 본질은 기존의 이론을 뒤집는 것으로, 결과적으로 지금까지 진행되어 오던 여러 이론들을 수정해야 함을 의미한다.

모든 과학자들이 이와 같은 위험하고 예측하기 어려운 실험을 하고 있다고, 그리고 대부분 결과가 나오지 않았기 때문에 알려지지 않았다고 믿고 싶다. 우리가 두려워하는 것은 그와 같은 것들을 생각조차 못하기 때문에, 혹은 시도할 용기가 없기 때문에 그렇게 하는 과학자가 거의 없다는 것이다. 문제는 과학이란 서로 긴밀히 연결되어 소통하고 있기 때문에 어느 한 부분을 불신하기란 매우 어렵다는 점이다. 결국(당신이 21살이라면, 태어나면서 21세까지 긴 기간 동안), 기술할 것은 약간 남아 있지만 당신이 새롭게 발견할 아무것도 남아 있지 않다고 실망할 수도 있다. 우리가 희망하는 것은 이 책을 읽음으로써 다른 시각에서 과학을 보는 방법과 이야기를 재해석하려고 노력하는 마음을 갖는 방법에 관한 실마리를 제공하여, 여러분이 진정으로 생각을 바꿀 수 있는 (당신의 생각뿐만 아니라 다른 사람의 생각도 바꿀 수 있는) 실험을 고안할 수 있게 되는 것이다.

[9] Alan Thorne에게 감사

이 책을 집필하면서 진정으로 위대한 이론이나 실험의 예를 여기에 삽입하고자 하였다. 그러한 예를 찾는 과정에서 깨달은 것은 일단 밝혀지고 나면 그것은 너무나 당연해 보인다는 점이었다. 유전학이나 진화론 이전의 생물학자가 어땠을지를 상상해보자. 빛의 속도가 무한한지, 실제적으로 무한한지, 혹은 물질이 무한정으로 쪼개지는지, 혹은 입자인지(퀀텀) 등 몇 가지 사소한 문제를 제외하고 모든 문제들을 물리학자들이 해결했다고 일반적으로 믿었던 1900년대 이전으로 돌아가 보자. 많은 사람들이 이때의 물리학은 물리학이 아니라고 보고 있는 뉴턴 이전의 물리학을 상상해보자. 혹은 지금은 정설로 받아들여지지만, 1920년대에는 전혀 터무니없는 것으로 여겨지던 대륙의 이동설을 보자. 지금은 레이저를 이용하여 구대륙으로부터 신대륙이 떨어져 나오는 비율을 측정할 수 있다. 태양의 중력이 빛을 휘게 만든다는(태양 뒤에 있는 별을 보이게 만들면서) 아인슈타인의 예측은 마찬가지로 명백히 터무니없는 것으로 생각되었다. 그러나 이것은 관찰에 의하여 거의 사실로 확인되었다. 50년쯤 후에는 지금 여러분이 들어본 적도 없는 과학자가 이와 같은 정도로 당신의 주장을 송두리째 바꿔버릴지도 모른다. 과학은 과학의 역사를 파괴한다.

여러분은 새로운 관점의 생각을 요구하는 수수께끼를 경험한 적이 있을 것이다. 한번 그 해답을 듣고 나면, 당신은 '물론' 이라고 말할 것이다. 그리고 당신은 그 해답을 이해할 수 없었던 것을 기억할 수 없을 것이다. 2장에서 이언 스튜어트는 여러분이 친구에게 시험해보기를 바라는 몇 가지 예를 소개하였다. 여러분은 이제 시험자와 염소의 이야기 그리고 6개월 대 12개월 당 임금인상분에 대해 이해한다. 일단 지금까지와는 다른 관점으로 보게 되면, 세상사가 어떻게 명확해지는지를 보여주는 2가지 예를 들고자 한다.

문제 1: 제1차 세계대전(1914~1918) 초기, 연합군은 공격용 무기를 만드는 데에만 금속을 사용하다가 1916년에서야 참호에 근무하는 병사들에게 철모를 지급하였다. 그런데 갑자기 머리 부상자의 수가 3배로 증가하였다. 왜 그랬을까?

문제 2: 가로로 8개, 세로로 4개의 정사각형이 그려진 초콜릿 바가 있다. 이 바를 각각의 정사각형으로 쪼개야 하고, 한 번에 한 직선씩만 쪼개도록 되어 있다. 최소한으로 몇 번에 다 쪼갤 수 있을까?

즉각적으로 정답이 떠오르지 않으면 그 상태를 음미해보라. 해답을 들었을 때 어떤 느낌이 들지 상상해보라. 만일 그 이유를 알고 나면 확실히 틀렸다고 할 수 있겠는가?

실마리는 9장 134페이지에, 해답은 12장 195페이지에 있다.

Chapter 4 과학 그리고 과학주의[1]

Science and sciencisms

4.1 과학자는 어떻게 연구하는가?

비록 텔레비전(퀴즈쇼, 공상 과학소설은 말할 것도 없고, 'Horizon' 과 같은 진지한 프로그램에서조차)에 나오는 전형적인 과학자들이 지적인 것을 제외하면 아무 것도 못하는 사람으로 그려진다 하더라도 당신은 과학자가 되겠다고 결정을 하였다. 그러면 친구들은 당신을 비웃을 것이다. 그들은 만화에 나오는 우스꽝스러운 연구원, 즉 책을 너무 많이 읽어 시력이 나빠져서 팽글팽글 도는 안경을 끼고, 다른 사람의 숙제는 도맡아하면서 운동이라고는 하나도 못하는 그런 사람들이나 과학자가 된다고 알고 있다. 일반적으로 과학자는 두 가지 부류로

[1] 4세 된 아들에게 GFM(저자)은 과학주의였다. 왜냐하면 과학주의란 과학의 윤리, 도덕을 포함한 모든 철학적 접근방법을 지배한다는 믿음으로 사용되고 있으니까.

나누어진다: 미친 과학자와 헌신적인 과학자.

당신이 처음 학위를 하는 과정 동안 진정한 과학자를 만났을 수 있다. 그리고 당신은 일생을 바칠만한 가치 있는 일이라고 분명히 느꼈을 수도 있다. 아니었다면 당신은 이 책을 읽지도 않을 것이다. 미치거나 헌신적인 것 중에서 어느 쪽이 되려고 하는가[2], 아니면 대중문화에 묘사된 과학이라는 이미지는 완전히 잘못 그려진 것인가? 물론 그렇다고 생각한다. 그러나 우리가 자랑할 수 없는 과학과 과학자의 속성들도 많이 있다.

실험 과학자들에게 해변을 보여주라. 그러면 그들은 무작정 달려들어서 모래 알을 세기 시작할 것이다. 만약 우리가 그럴 듯하고, 안정적이고, 지루한 실험을 하고 있다면, 우리는 모두 무엇인가를 수행하고 있다고 느낀다. 당신이 만약 큰 통, 물통, 종이, 컴퓨터, 비서, 조그마한 모래 수레 등에 둘러싸여 모래알을 세고 있다면, 사람들은 당신이 무엇인가를 하고 있다고 생각할 것이다. 그것을 상상해보라! 그러나 실제로 우리가 생각을 하고 있으면, 시간만 소비하고 있다고 느낄 뿐 아무것도 얻지 못할 수도 있다. 실제로는 생각을 깊이 하고 있더라도, 동료들은 '정신이 나갔다' 거나 '딴 문제에 빠져 있다' 고 말한다. '무엇을 한다는 것' 에는 깊이 생각하는 것은 포함되어 있지 않다. 그러나 모든 가장 훌륭한 과학은 창의적인 생각에서 나온다. 그리고 실제적인 연구 작업은 사람을 고용해서 해도 된다.

창의적인 생각 또는 심지어 진부한 가설일지라도 실험을 설계하기까지는 많은 작업이 이루어져야 한다. 이 작업의 대부분은 수학인데, 여기서 필요한 수학은 과학의 여왕이라 일컫는 그런 수학이 아니라, 숙련된 연구원이 수행하는 정도의 수학이면 된다. 즉, 실험도구를 위한 경비, 특정지역에 씨를 뿌리기 위해 밭을 가는 비용, 컴퓨터 사용시간 등을 계산하고, 매주 20마리의 암컷 쥐를 사용하려면 1,000마리를 수용할 수 있는 시스템을 갖추는 것이 바람직한지 판단하는 것

[2] 당신은 둘 다 될 수 있다. 또한 예쁜 딸이 있으며 세상을 지배하려는 욕망을 지닌, 하지만 항상 제임스 본드에 의해 좌절하고 마는 악당도 될 수 있다.

이다. 현명한 연구자는(3장 2절 참조) 실험에 들어가기 전에 그래픽, 대수학, 위상 수학적 사고를 통해 작업의 수량화를 먼저 해 놓는다. 운이 좋은 연구원이란 무엇이 필요한지, 예상치 못한 난관은 없는지, 있다면 그 극복방안까지 미리 심사숙고하는 사람들이다.

이것이 항상 명시적으로 이루어지는 것은 아니다. 실험하기 전에 어떤 계산법이 유용한지 알기란 가끔 어려울 때가 있다. 많은 연구원들이 예비연구결과를 습득하거나 다른 연구원들의 결과를 복잡한 통계 프로그램에 적용시키는데 너무 많은 시간을 소비하고 있다. 그들은 새롭거나 보다 정교한 가설이 도출되기를 바란다. 그러나 우리의 경험에 의하면, 긍정적인 결과가 나오도록 숫자를 억지로 해석하거나 일부만 선택하지 않는 한 가설은 도출되지 않는다. 대부분의 과학자들에게, 연습은 가설을 도출하는 것처럼 보인다. 그러나 실제로는 원래 가설에 더 집착하게 만들어서 그 가설이 실린 문헌을 찾는데 혈안이 되거나, 그러한 연구결과를 모은 자료집을 찾게 된다. 확실히 이러한 종류의 연습은 우리가 직접 실험을 하게 될 때, 우리를 좀 더 편안하게 만들어 준다. 그러나 가설을 도출하지는 못한다. 이러한 예비적인 통계학적 연습(다음 장 참조)은 대부분의 경우 가설로부터 실험설계까지 가는데 절대적으로 필요한 것이다(이분법적인 문제는 제외하고. 예: 흑색과 백색으로 이루어진 닭의 백색부위에 반응력 좋은 색소세포가 있는가? 12장의 Box 12.1 참조). 그러나 사람들은 일반적으로 결과를 그럴듯하게 만들기 위해 통계를 사용한다. 먼저 주의 깊게, 수량적으로 생각하는 것이 시간과 노동을 줄일 수 있다.

4.2 과학의 서열

대개 사람들의 마음 속에는 과학에 대한 서열이 있다. 물리학, 특히 원자 물리학이 가장 높은 층에 속하며, 화학, 생물학, 심리학, 사회학 순서로 점차 서열이 낮아진다.

수학은 과학 분야의 정수이며, 지고의 학문이다. 또한 수학은 나머지 다른 모든 과학의 견고한 기초를 형성한다고 주장한다. 신은 기하학자라고까지 이야기하곤 한다. 정말로 수학은 결정적인 구조를 가지고 있다. 수학은 서로 긴밀히 연결되어 있어서 일관성 있는 전체를 이룬다. 의심스런 부분도 있고, 검증되지 않은 대안이나 명제들도 있지만, 수학의 구조는 메카노나 레고 같은 조립식 완구처럼 조각이 모여서 이룬 하나의 완전한 통일체이다.

물리학과 같은 과학은 일반적으로 기저층은 동일하고 중간층은 견고하며, 맨 위는 대담한 물리학자가 새로운 업적을 이룰 수도 있는 미개척층으로 구성된다. 이러한 이미지에 의하면 진정한 과학이란 물리학이나 유기화학처럼, 아주 먼 미래의 미개척 영역을 위한 정거장으로 적시에 기능할 수 있는 옥외빌딩을 가진 공장 같아야 한다(우리는 이 점이 의심스럽다. 왜냐하면 아원자 물리학자가 이론이나 방정식을 보완하기 위해 새로운 입자를 발명하면 이것이 꼭 설명을 구제하려는 것처럼 보이기 때문이다. —12장 참조. 그래서 옥외빌딩은 가상현실일지 모른다).

한편 생물학은 일반적으로 누더기 옷으로 비유되곤 한다. DNA, Krebs' cycle을 포함하는 기초생화학 같은 잘 정리된 중심이 있지만, 변방에는 미개척 영역이라기보다는 넝마 같은 혼돈 영역이 있다. 유기체의 분류라든가 해부학, 생리학, 진화론 및 생태학은 $E=MC^2$와 같은 종류의 사고는 아닌 것 같다. 과학 철학자들은 물리학은 좋아하며, 화학은 경멸하고, 생물학은 당황스러워한다[3].

이것에 대한 부분적인 이유는 생물학계에 내재하는 엄청난 다양성 때문이다. 생물학은 지질학이나 천문학같이 '발견하는' 학문이다. 이에 반해 물리학이나 화학은 '발명된' 방정식이나 통찰력에 근간을 두고 있다(그래서 가상(virtual)일지 모른다). 천문학자에게 한 행성은 동종의 다른 모든 행성과 같다. 비록 내부구조나 역사는 다를지라도, 궤도라는 관점에서 보면 행성들이란 매우 유사한 질량중심으로 간주된다. 만약 당신이 대기화학자라면 행성이라는 단어는 없으며, 서로 비슷한 수많은 다른 대기들이 있다. 이들은 압력을 의미하는 몇몇 단어와 공통된 성분으로 묘사된다. 생물학자인 당신은 주로 다양한 생물학적 기생충간의 차이, 특히 동종의 개체간의 차이에 관심을 가질 것이다. 이누이트(Inuit) 족

[3] 인터넷 기술은 잘 모르지만, 심리학에는 만족해 하고, 의학에는 침묵하며, 역사학에 행복해 한다. Hilary Hearnshaw 덕분에….

에게는 '눈' 이라는 단일 단어는 없다. 대신 눈의 종류에 따라 수많은 어휘를 가지고 있다.

이러한 점을 지적하는 일화를 하나 소개하고자 한다. 왜냐하면 이것은 우리를 둘러싼 세상을 보고 특징짓는 방법에 대한 핵심적인 개념이니까(과학에 대한 다른 문화적 접근을 시도하고 있는 12장 참조). 뉴질랜드로 가서 교사를 하고 있는 영국인 선생님에 관한 이야기이다. 그 교사는 토끼, 앵무새, 웜뱃, 캥거루(다른 뉴질랜드 사람들이 그런 것처럼 그녀도 이 둘을 혼동하였다)를 그려서 학생들을 집중시키려 했으나 학생들은 흥미를 보이지 않았다. 그러나 그녀가 양을 그리기 시작하였을 때 학생들은 흥미를 보이기 시작하였다. 학생들은 교사가 그 전에 그렸던 예쁘고, 거의 실물 같은 동물들에는 반응하지 않았고, '이것이 무엇이냐' 는 질문에도 시큰둥한 반응을 보였었다. 그런데 학생들이 살고 있는 환경에서 가장 익숙한 동물인 '양' 을(그 교사가 생각하기에) 계속 그리자 학생들의 당황스러움은 점점 커져 갔다. '이것이 무엇이지?' 라고 교사가 물었다. '여러분은 분명 이건 알거야!' 라고 끈질기게 재촉하자, 한 학생이 매우 자신없는 태도로 대답하였다. '저, 이 동물의 엉덩이 부분은 워체스터(Worchester) 종 비슷하고, 앞다리와 몸통은 메리노 종 닮았고요, 얼굴은 샤롤레(Charolais) 종 비슷하지만, 좀 더 못생겼고요. 샤롤레 종은 귀가 절대 저렇게 생기지 않았거든요.'

우리가 보는 것, 특히 이름을 붙이는 것은 소위 현실 세계에 있는 것이 아니라, 우리의 머릿속에 있는 것이다! 수렴적인 과학자는 우리가 양이라고 이름붙인 것을 조직화하고, 새로운 아원자 입자를 명명하고, 심지어는 여러 종류의 꿈까지도 구분하는 사람들이다. 이러한 그들의 노력으로 인해 우리는 실제로 현실은 분류된다고 믿게 되었다. 발산적 과학자는 그것이 실제로 존재하지 않기 때문에 기존 분류 체계를 뒤흔드는 일을 한다[4].

사회학은 그것의 다양성과 유연성 때문에 그리고 훈련에 의해서 규칙을 바꿀 수 있기 때문에, 좀처럼 과학으로 인정되지 않는다(사회학을 잘 모르는 사람들이

[4] 우리 또한 과학자를 두 유형으로 분류하는 모순을 저지르고 있다.

보기에는). 예를 들면 사람들의 태도는 인터뷰 받는 상황에 따라 영향을 받으며, 인터뷰하는 동안 변하기도 한다. 이러한 순환 현상은 물리학(퀀텀 현상을 설명할 때)이나 화학(최근에야 대부분의 반응이 자가 촉매 현상임을 알게 되었음)에서는 어려운 것으로 증명되었다. 생물학의 경우, 진화나 새로운 유기체의 침입은 자신과 상대방의 환경을 동시에 변화시킨다. 이런 식으로 모든 생물학은 필연적으로 순환적이다. 화학자와 물리학자는 환경으로부터 실험을 '분리시켜서' 진행할 수 있다. 그러나 생물학자에게는 너무나 어려운 일이다. 수족관을 생각해보라[5]. 두 학문인 생화학과 새로운 세포 생물학 간의 중요한 차이점은 세포생물학에서는 생화학적인 순환이 기술되고, 세포내의 위치가 규명되었다는 점이다.

4.3 유사성과 상이성

우리는 사물을 구분하는데 익숙하다.－우리의 사고는 분류적이다. 우리가 보는 모든 것은 유사하거나 또는 상이한 것으로 분류된다. 자동차를 보고, 자동차 세일즈맨은 포드, 재규어, 경주용 자동차, 가족형 세단을 본다. 자동차 수리공은 연료 분사기, 육기통, 녹이 슨 폐차를 본다. 뉴질랜드 어린이는 양을 보는 것이 아니라, 그들에게 익숙한 양의 종류를 본다. 과학자로서 우리도 마찬가지이다. 일반 사람이나 어린 학생들은 과학을 볼 때 그 안에 다양한 학문이 속한 큰 그룹으로 본다. 기본 입자, 유기화합물, 동물……. 하나의 주제를 더 잘 알게 될수록, 각각의 차이를 보게 된다. 물리학자는 일반적으로 동질성을 찾기 위하여 노력한다. 천체 물리학자에게는 행성은 중력의 중심이다. 화학자는 훨씬 더 이질성을 관찰한다. 그러나 황산구리의 모든 샘플은 화학자에게는 똑같다(그럴 수도 있을 것이다). 하지만 생물학자는 세균조차도 똑같은 샘플을 얻을 수 없다. 비록 같은 샘플을 얻었더라도 같은 상태로 머무르지 않는다. 생물학을 하는 화학자(화학생물학자 혹은 생화학자)는 미토콘드리아 혹은 그 이외 것을 추출하여 동질성을 만들려고 시도하여, 그것이 마치 황산구리인 것 같이 취급한다. 그들은 조갯살과 생쥐의 근육에서조차 유사성을 찾으려 한다.

[5] 수족관조차도 애초에 조성되었던 환경이 그대로 유지되지 못한다. 물고기와 식물은 성장하고 있으며 더 중요한 것은 당신도 이 체계의 일부라는 것이다.

실험설계의 핵심에는 갈등이 있다. 우리는 과학에서 일반성을 만들어야 한다. 예를 들어 양배추는 이런 성향이 있고, 루비듐 염은 저런 공통성을 지니며 지배적인 아버지를 둔 딸들은 이렇게 하는 식으로. 과학에 대하여 우리가 더 많이 알면 알수록 차이점에 대하여 더 많이 알게 된다. 그래서 대부분의 생물학적 최신 지견은 차이점에 대한 발견으로부터 나온다. 1965년 이래, 생물학자들은 한 종에 소속된 것들이 동일하다고 보지 않는다. 그 대신에 중요한 유전적인 차원에서 각기 상이한 개체로 인식한다[6].

때때로 과학적 이론은 깊이 감춰진 진실을 이해하기 위한 실로 영웅적인 노력의 결과물이다. 가끔 끊임없이 '왜' 라고 질문하는 어린이에게 대답하던 거짓말이었던 것일 수도 있다[7]. 예를 들면, DNA의 구조와 복제 연구는 영웅적인 결과물이다. 그러나 그것을 생명의 청사진이라 부르는 것은 그럴싸한 문구와 현혹되기 쉬운 이야기를 가지고 엄청난 복잡성과 다양성을 숨기려는 시도에 지나지 않는다. 우리의 두뇌는 여러 다양한 현상들을 한 단어로 표현할 필요가 있기 때문에, 이런 일을 수행하는 과학적 이론을 반기고 있다. 우리는 의자, 나무, 사람들, 심지어는 날씨까지도 비슷한 것들의 그룹으로 본다. 그리고는 모든 유기체들이 생식하는데 DNA를 사용한다는 사실에 만족해한다. 이러한 사고의 습관은 때때로 무슨 일이 어떻게 일어나고 있는지 우리가 알고 있다는 위안을 주기도 하지만, 종종 그것은 우리 스스로를 속이는 이야기만을 날조하고 있을 뿐이다. 과학을 잘 한다는 것은 이러한 이야기들을 믿는 것이 아니라('내가 알기로는' 이라고 결코 말하지 말기를), 동일한 드라마를 새로운 대본으로 만들 수 있는 능력이 있음을 의미하는 것이다. 약간의 각색이나, 대사의 일부 그리고 불완전한 인물 묘사는 모두 데이터로부터 나온다. 이러한 것들을 앞뒤를 잘 맞추어서 설득력 있는 이야기로 연결하여 하나의 일관된 드라마로 조합하는 방법이 많으면 많을수록 과학 분야에서 더 중요한 역할을 할 수 있다. 당신이 세계에 대하여 생각하는 방법이 다양하면 다양할수록 여러 단편들을 모아서 하나의 새로운 관점으로 만드

[6] 1960년대 르원틴(Lewontin) 팀은 동물의 유전성을 연구하기 위하여 동물을 사육하는 대신에 각 동물의 단백질의 다양성을 연구하였다. 그들은 기대했던 것보다 훨씬 더 많은 변종을 발견하였다. Lewontin, R.C. (1974) *The Genetic Basis of Evolutionary Change*. Columbia University Press, London.

[7] Stewart, I. and Cohen, J. (1997) *Figments of Reality*. Cambridge University Press, Cambridge.

는 방법을 더 잘 발견하게 될 것이다.

일반적으로 실험하고 실험 설계를 하는 목적은 현상 세계에 대한 우리의 이론을 검토함으로써 외부 세계에 관한 것들을 알아가는 것이다. 새로운 진실을 찾는다기보다는 세계에 대한 우리의 생각을 정리할 뿐이라는 좋은 예가 있다. 과학철학 과정의 고전적인 예를 들어 보자. 이론: '모든 백조는 흰색이다.' 검증: '이 백조는 흰색이다, 저 백조도 흰색이다, 그리고 모든 백조는 다 흰색이다. 그러므로 이 이론은 옳다.' 비판: '여기 백조처럼 보이는 검은색의 새가 있다!' 이 이론의 제안자는 지금 중요한 문제에 직면하고 있다. 자기 이론이 틀린 것인지, 아니면 이 새가 백조임을 부정할 것인지? 현상세계에서 그가 일반적으로 말한 것은, "그것은 검은 색이므로 백조일 수 없다!" 이다. 그는 자신의 이론을 재검증하지 않고 세상에 대한 자신의 생각을 정리해버린다. 흔히(실제로 이것은 때때로 그렇게 할 수 밖에 없는 것처럼 보인다) 사람들은 자신을 변화시키기 보다는 자신의 편견을 확고히 하는데 정보를 사용하고 있다.

이 시점에서 수렴적인 과학자는 새로운 규칙을 결정하기 위하여 회의를 열 것이다. 우리는 항상 동질성과 다양성에 대한 선택을 하게 된다(분류를 바꿀 것인지, 이론을 바꿀 것인지에 대한 선택). 모든 백조는 흰색이다. 따라서 검은 색의 백조는 백조가 아니다(그림 4.1). 아니면 모든 백조가 흰색을 가진 것은 아니다. 이 문장은 분류 체계를 복잡하게 만들면서, '모든 백조는 흰색이다' 라는 단순하고 편리한 이론을 버려야 함을 의미한다. 우리는 모두 이렇게 하는 것을 약간 꺼려하는 경향이 있다. 여러 동물과 양을 그렸던 그 영국인 교사도 자신이 가지고 있던 양에 대한 간단한 아이디어를 뉴질랜드 학생들이 가지고 있는 훨씬 더 복잡한 아이디어로 바꾸고 싶어 하지 않을 것이다. 과학자에게 비극이란 완벽하다고 생각했던 이론이 하찮은 사실에 의하여 파괴되는 것이다. 수렴적인 과학자의 수법은 일반적으로 문제를 재분류함으로써 이론을 고수하는 것이다. 이것은 새로운 가설을 제기하는 어려운 임무보다 훨씬 수월할 것이다. 측정에 관한 문제를 예를 들어 설명하겠다.

그림 4.1
검은 새는 백조가 아니다?

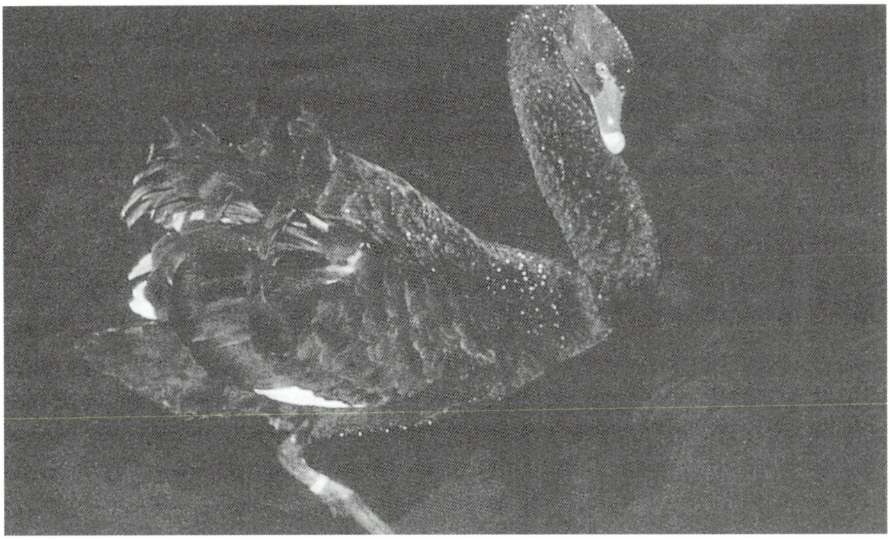

4.4 정직한 측정

계속하기 전에 측정에 대한 핵심적인 문제, 즉 측정의 정확성과 정직성에 대하여 엄밀하게 짚어보자. 일반적으로 사람들은 측정에는 '정확성' 의 기준이 오직 하나 있을 것으로 생각한다. 예를 들어, 이 페이지의 길이를 측정한다고 해보자. 약 23 센티미터 혹은 9.1 인치, 아니면 이들의 평균 23.1624 센티미터? 몇 가지 독립적인 계측을 하여서 얻어진 결과가 있고, 전자계산기로 평균값을 계산하면, 소수점 이하 4자리 수가 나온다. 정확한 값인가? 소수점 이하 9자리 수까지 나오는 계산기를 가지고 있다면, 아니면 12자리 계산기라면 마지막 최소 숫자는 분자 단위의 크기가 되는가? 어떤 시멘트 포대에는 2.7051 리터(4 파인트에 해당)의 물을 더하라고 쓰여 있다. 만약 당신이 이 책이 25 센티미터 선반에 맞는지만을 알기 원한다면, 가장 좋은 답은 '25 센티미터 이하' 일 것이다. 이 페이지의 실제 길이에 대한 '정확한' 답은 존재하지 않을지 모른다. 그렇지 않은가?

또 다른 문제를 보자. 이 줄에 글자가 몇 개 있는가? 당신은 먼저 단어 사이의 빈칸이나 마침표도 글자에 포함시켜야 할지 여부를 결정해야 한다. 그러한 판단과 평가는 모든 과학적 관찰에 필수적으로 수반된다. 그러한 판단이나 평가 없이는 일을 할 수 없기 때문에, 당신도 그렇게 했음을 깨달아야 한다! 이 이야기가 백조 이야기와 얼마나 다른지 생각해보자. 백조에 포함되느냐 안 되느냐에 대해서는 의견이 다를지라도, 적어도 우리 모두는 각각의 새들이 검은색이거나, 흰색임에는 동의한다[8]. 당장은 빈 공백을 글자로 계산할지를 결정하는 이론을 가지고 있지 않다. 우리는 단지 언제 계산기를 누를지만을 알기 원한다. 만약 회색의 백조를 검은색(혹은 흰색)으로 간주한다면, 문제는 간단하다. 문장의 한 줄에 있는 글자를 계산하라고 물었던 수렴적인 과학자는 '구두점과 빈칸에 대한 질문으로 나를 곤혹스럽게 하지 마라!' 라고 말할 것이다. 그러나 만약 당신이 뉴질랜드의 영국인 교사라면, 혹은 그 교훈을 진심으로 받아들인다면, 실제로 세 가지, 혹은 열 가지의 색깔의 백조가 있음을 알아야 한다. 그리고 구두점과 빈칸을 셀지 말지를 결정해야 한다. 그래서 단순한 질문에 대해서도 세 가지, 네 가지, 다섯 가지의 해답을 얻을 수 있다.

과학에서 행해지는 모든 측정은 그 기준을 세우기 위한 수많은 결정을 수반한다. 수렴적인 과학자는 이러한 결정을 한다. 새로운 별이 얼마나 이동했는지 알기 위하여 연필로 표시한 흡수선을 이용하여 낡은 망원경으로 적색변이를 측정해야 하는가? 아니면 모든 사항이 그래프로 표시되고, 각 화학성분에 따른 흡수선이 열거되고, 계산된 적색변이가 인쇄되는 신형 스펙트럼 분석기를 사용해야 할까(최첨단 장비가 과학논문을 쓴다는 말도 있다)?

1980년대까지 불임클리닉에서는 현미경용 슬라이드에 일정한 줄이 그어진 격자를 이용하여 적혈구를 세도록 고안된 헤모사이토미터를 사용하여 사람이 직접 정자를 세었다. 이런 방법에는 일반적으로 잘 알려지지 않았던 문제가 있었다. 정액에서 채취한 정자는 유체역학적인 형태를 띠고 있어 적혈구와는 다르다. 비록 정자가 죽었어도 스프레이 모양을 보이며, 또한 격자 위에 균일하게 분포하지 않는다. 현대 의학에서는 자동화된 시스템을 갖추고 있다. 정액을 기계

[8] 그러나 호주에 서식하는 검은색 백조는 등과 날개 아래에 흰색 반점을 가지고 있어서 혼동을 준다.

에 떨어뜨리면, 농도, 운동성 비율, '진행성 운동성' 비율, 정자가 움직일 때에 '머리 부분의 측면 운동' 등 여러 데이터를 얻게 된다. 이러한 첨단 장비에 스프레이패턴은 고려하였는지 묻는 것은 어리석은 일이다. 어떤 장비는 그렇고, 또 어떤 장비는 그렇지 못하다. 측정이 이와 같이 자동화된다면, 장비로부터 얻은 최종 결과는 여러분이 아닌 이 기계 고안자의 편견에 따라 좌우된다. 당신은 무엇이 측정된 것인지 의문을 갖지 못하며, 이는 결과를 해석하는데 영향을 주게 된다. 이 장비를 갖게 되면, 당신이 의문을 품는 범위가 제한된다. 좀 더 다양한 질문을 원한다면, 다른 각도에서 생각하고 도전할 수 있어야 한다.

이것을 뒷받침하는 일화가 있다. 영국의 남극 연구소는 관측소가 하나뿐이며, 매일 매일 조율해야 하는 구식 자외선 측정기를 가지고 있었다. 이에 반하여 미국의 연구소는 관측소도 여러 개이며, 훨씬 자동화된, 컴퓨터로 조정되는 장비가 있었다. 이것은 자동적으로 조율되며, 동떨어진 값은 제외시키는 첨단 장비였다. 하지만 오존층에 있는 구멍을 최초로 보고한 것은 영국의 연구소였다.

Chapter 5 관찰, 조사 그리고 실험

Observations, examinations and experiments

5.1 관찰

어떤 과학자들, 특히 천문학자들은 관찰한다. 이것은 과학에서 가장 어려운 기술이다. 당신이 무엇을 관찰하고 있는지 정확하게 아는 경우는 매우 드물다. 그래서 당연히 관찰하는 것만으로는 흥미롭고 놀라우며 새로운 것을 발견할 수 없다. 당신이 관찰한 것을 표본 추출하거나 그것을 검사하기 위한 기술을 선택하는 데는 우리가 파악할 수 있는 문제점들이 내재되어 있다. 하지만 당신이 그 내재된 문제점들을 확인한다고 하더라도 대개 그것들을 피할 수는 없다. 우리는 6장에서 통계적 방법과 관찰의 불확실성의 관계에 대해 논의할 것이다. 중대한 관찰이 필요할 때, 항상 라비 아키바(Rabbi Akiva)의 지침 중 하나를 명심하는 것이 좋다. '돌아가는 길처럼 보이는 것이 지름길일 수도 있고, 지름길처럼 보이는 길이 오히려 돌아가는 길일 수도 있다…….' 당신이 관찰하고자 하는 것에 익숙해지는 것은 시간을 투자할 만한 가치가 있는 일이다. 비록 다른 사람들이 틀렸다 하더라도 그 사람들이 사용했던 방법으로 그들이 봤던 것을 관찰할 수 있어야 한다! 원칙적으로 예전 과학자들이 왜 실수했는지를 말할 수 있을 만큼 당신은 충분히 훌륭한 관찰자가 되어야만 한다. 쉬아파렐리(Schiaparelli)는 화성에서 '카날리(canali)' 를 관찰했다[1]. 어떤 얼룩무늬도 연결된 선으로 보일 수 있다. 그래서 문제는 당신이 관찰해야만 하는 것이(새로운) 선인지 (새로울 것 없는) 얼룩무늬인지 결정해야 하는 것이다. 만약 최소한 당신의 전임자들만큼 유능하게 도구들을 사용할 수 있고 그것을 필요할 때 적용하고 수리할 수 있다면 더 나은 과학이 될 것이다. 저 의심스러운 미국의 자외선 탐지기처럼 자동화된 표본 추출은 당신의 편견을 다른 사람들의 편견으로 대체하며 이를 감지해내는 것을 더 어렵게 만들 것이다. 관련 재료에 대해 철저히 알고 기구와 소프트웨어의 장단점도 정확히 파악하고 있어야 그 안의 내재된 피할 수 없는 문제점들을 인식할 수 있다. 당신이 '표준화' 된 재료를 관찰하기 위해 기구를 사용할 때 반복적이고 신뢰할만한 '표준화' 된 답을 얻을 수 있도록 확실히 해야 한다. 그래야만 다른 사람들이 당신의 놀랍고도 획기적인 관찰을 믿게 될 것이다.

같은 것을 다른 방향에서 측정하는 것이 바람직하다. 예를 들어, 지구에서 천체를 관찰할 때 망원경은 움직이는 대기를 통해서 우주를 보기 때문에, 결코 이는 완벽한 렌즈가 될 수 없다. 매초마다 렌즈의 비점수차는 변하고, 어느 순간에는 프리즘 효과가 생겼다가 그 다음에는 실린더 효과가 생긴다. 이런 지구에서 평범한 망원경을 통해 항성(star)과 행성(planet)을 관찰하면 흔들리는 이미지로 나타난다. 최근에는 정확도를 증가시켜 별의 움직임 양상을 확립함으로써 컴퓨터로 흔들림을 수정하는 것이 가능해져서 멀리 있는 별에 근거하여 가까운 별은 '고정' 된 것처럼 관찰하는 것이 가능하다. 이로 인해 일정한 항성들 주위를 도는 행성들(planets)의 움직임을 정확히 파악해 낼 수 있게 되었다. 또한 스펙트럼 흡수밴드의 주파수 내 도플러 효과를 통해 우리로부터 가까워지거나 멀어지는 별의 움직임을 측정할 수 있다. 그러나 위와 같은 사실은 결코 대기를 통해서

[1] 역자 주: canali는 화성에서 관측된 특이한 무늬들을 칭한 용어로, 이 단어를 영어로 해협(channels)으로 번역하지 않고 운하(canals)라고 오역하여 이 운하가 지적 생명체에 의해 만들어진 것이 아닌가하는 생각을 널리 불러일으켰다.

는 밝혀낼 수 없다. 현재는 궤도에 근거한 망원경 허블이 있어서 우리가 측정하고자 하는 별들의 불안정한 움직임을 정확히 관찰할 수 있게 되었다. 또한 도플러 측정법의 정확도도 개선시킬 수 있었다.

양배추, 민들레, 흰 백조, 검은 백조, 행성과 별 등 우주는 형용할 수 없을 만큼 복잡하다. 우리가 단지 표본을 통해 관찰, 연구, 분석할 때, 그 복잡성은 다루기 쉬운 규모로 축소된다. 단순히 눈에 보이는 것만을 관찰할 뿐 X-rays, 소리, 냄새 등은 무시하게 된다. 현미경이나 전류계와 같은 기구를 동원한다면 이런 복잡성은 크게 축소된다. 이것들은 문제의 차원(dimension)을 감소시킨다. 이 문제를 3차원적인 세계로 생각해보자. 관찰에는 당신이 측정할 수 있는 다양한 속성만큼 수많은 차원이 존재한다. 앞서 언급한 정자 기계는 정액의 예닐곱 가지 특성을 당신에게 알려 준다. 각 축의 위 또는 아래로 관찰하면, 측면 머리 변위, 농도 또는 진행하는 경로의 평균 길이 등이 표본마다 매우 다르다. 측정하는 변수가 어떤 명확한 임상적인 차이가 없을 경우, 임상적으로 매우 당황스러운 상황이 된다. 왜냐하면 브라운(Brown) 부부 불임의 또 다른 이유를 제시할 수 없다면 그것은 당신조차도 이해하지 못하는 변인 중 하나가 원인이 될 수 있기 때문이다. 고배율 현미경은 색깔, 형광, 전 영역에 걸쳐 측정할 수 있는 다른 차원으로의 위상변이를 가지고, 우주의 미세한 부분을 2차원으로 변화시킨다. 온도계는 전류계처럼 1차원의 정보를 준다. 측정결과는 1차원의 숫자로 나타난다. 몇 도 또는 몇 암페어인가? 저울도 차원을 크게 감소시킨다. 우리가 연구하고자 하는 변이를 작은 범위로 축소시킨다. 전류계 눈금판은 마이크로암페어는 놓쳐버리고 밀리암페어만 보여주며, 수용범위를 넘어서는 수십 암페어가 흐를 경우 폭발해버릴지도 모른다. 온도계는 단지 작은 범위의 온도만 보여줄 수 있다. 임상용 온도계는 자연적인 체온 근처의 온도만 측정할 수 있다: 38.4℃±~2.5℃.

많은 종류의 관찰이 있다. 관찰하는 물체의 무게를 재거나 가스 크로마토그래피를 이용하면 우리는 이를 조사한다(investigating)고 말한다. 그것들을 조각으로 나누거나 혈액 표본을 채취하거나, 분해 시험하여 조사한 요인들을 변화시키고자 할 때, 특히 성분이나 요인 또는 성질에 대한 목록을 만들려고 할 때 우리는 그것들을 분석한다(analysing)고 말한다.

차원을 축소시키는 기구를 이용한 측정 결과는 우리가 관찰하는 대상의 복잡성 상당부분을 잃게 만든다. 따라서 측정하려는 것이 무엇이고 어떻게 구분할 것인지 많은 주의를 기울여야 한다. 유색/백색 또는 죽은 것/살아있는 것은 측정하지 못할 수 있다. 결과적으로, 변수란 우리의 질문과 연관되어 있고 측정하고자 하는 것이기 때문에 일련의 측정가능(혹은 할당 가능)한 분류 중에서 선택해야만 한다. 이와 유사하게, 우리가 통제해야하는 매개변수도 반드시 측정 가능해야 한다. 왜냐하면 당신이 측정할 수 없으면 통제하거나 고려할 수 없기 때문이다. 그럴 경우, 당신은 그 상황에 통달했음을 논증하거나 주장할 수 없다.

5.2 가설

앞으로 알게 되겠지만 우리가 하나의 생각을 염두에 두고 관찰을 하는 것, 무슨 일이 일어날지에 대한 가설은 모든 관찰 과학의 전제조건이다. 그래야 비로소 우리가 관찰하고자 하는 것이 무엇인지 알 수 있다(사실, 그래야 비로소 우리가 무엇을 관찰해야 하는지 미리 알 수 있고, 예를 들어 도서관에서 찾아봐야 할 저널이 어떤 것인지 알 수 있다). 우리가 원하는 것이 무엇인가? 무게를 재려는지, 수를 세려는지, 또는 빛에 비춰보고자 하는 것인지, 경도를 시험하려는 것인지, 자갈길 주행시험을 하려는 것인지.

좋은 가설이란 우리가 이해하지 못하는 것에 근거하여 우리의 이해력을 증진시키는 것이다. 특히, 좋은 가설은(보통) 인과 관계를 설명한다. 최고의 가설은 믿기 어려운 인과 관계에 대한 설명을 제공한다. 만약 가설이 너무 많은 것을 설명하거나 다양한 증거들에 의해 너무 쉽게 지지된다면 그 가설은 만족스럽다고 볼 수 없다. 선입견(3장 참조)은 좋은 가설을 만들지 못한다. 헤이엑(Hayek) 교수(런던경제대, LSE)는 너무 쉽게 지지되는 가설에 대한 분명한 예를 제시하였다. 그는 BBC 라디오에서 정신 분석학은 과학이 아니라는 포퍼(Popper)의 주장을 예를 들어 설명하였다. 정신 분석학은 유년 시절의 감정과 좌절이 무의식 속에서 억제되어 있다가, 성인의 삶에 남아서 우리의 태도와 반응에 영향을 미친다는 프로이드(Freud)의 이론(신념? 또는 가설?)에 기초한다. 포퍼는 '과학' 의 기준으로 반증가능성(disprovability)을 예로 들었고, 정신 분석이론은 어떤 상황에도 적용가능하기 때문에 과학이 아니라고 주장했다. 즉 반증예가 존재할 수 없다. 헤이엑은 한 심리분석학자의 예를 들었다. 그는 지배적인 아버지의 영향력에 대한 논쟁에서 그의 아버지(혹은 친구)와 말다툼을 했고, 그 다음의 네 환자들(공교롭게도 모두 여성)을 이런 바탕에서 설명해냈다고 확신했다.

1. **증상**–그녀는 성적으로 모든 남성에게 이끌린다고 불평했다.
   진단–분명히 환자는 지배적인 아버지의 애정을 경험했고, 그것을 대체할 이성을 찾고 있다.

2. **증상**–환자는 어느 누구한테도 성적 매력을 느낄 수 없다.
   진단–지배적인 아버지가 너무 강한 이미지로 남아있어서 모든 다른 남성을 사랑과 친밀에서 배제한다.

3. **증상**–환자는 친밀하고 사적인 상황에서는 성적 매력을 느낄 수 있는 반면 공적인 상황에서는 그렇지 않다.
   진단–이후 관계의 본보기가 되는 지배적인 아버지가 있을 때처럼 친밀하고 친숙한 환경에서만 성적 매력을 느낄 수 있다.

4. **증상**–환자는 공적인 상황에서만 성적 매력을 느낄 수 있고, 사적인 상황에서는 성적 매력을 느낄 수 없다.
   진단–지배적인 아버지의 이미지와 비교하지 않다가 사적인(그리고 친근한) 상황이 되면서 지배적인 아버지와 비교하여 이들이 이에 부합되지 않는다고 느낀다.

다시 말해서, 여러 측정(또는 증상)이 –그리고 그것의 반대상황까지– 하나의 이론(즉, 지배적인 아버지)에 의해 설명되고 있다. 이와 마찬가지로 어떤 측정(또는 증상)은 그 가설로 대안적인 설명을 지지하는데 사용되기도 한다. 이런 종류의 '프로페셔날리즘(professionalism)' 은 우리로 하여금 우리가 원하는 것이 무엇이든지 간에 믿게 한다. 이것은 과학이 아니다.

많은 임상적인 약이 이와 같다. 사람들은 아플 때마다 임상의에게 의존하는 자신을 발견한다. 임상의는 환자들의 아픔에 대한 이유와 원인을 찾는 일을 날마다 하고 있다. 임상의사의 중요한 훈련으로 감별 진단(differential diagnosis)이 있다. 이는 임상의가 여러 증상을 가진 환자를 보고 여러 가지 많은 질병을 제시할 수 있도록 돕는다. 감별 진단은 사려 깊고 전문적인 생각을 필요로 한다. 학과 과정 중에 우리는 증상과 질병(또는 질병과 치료법)이 일대일로 대응하지 않는다는 것을 알게 되었다. 많은 증상들이 여러 질병에 의해 나타나지만 특징적인 증상들은 종종 없을 때도 있고, 많은 질병들은 진단할 수 있는 증상(또는 검사방법)조차 없는 경우도 있다. 때때로 이런 복잡한 상태는 '증후군'[2]이라는 용어로 설명되고 있지만, 심지어 증후군이 아닌 것이 더 증후군인 것처럼 보이기도 한다. 요즘은 원내생들에게 적용가능한 여러 가지 검사(대개 호르몬이나 특정 펩티드 수준 측정을 위한 혈액 표본) 결과를 주고, 비록 그 자세한 기전은 이해 못하지만 진단을 내리게 하고 나서 치료를 하는 경향이 일반화되고 있다. 이렇게 임상과정이 복잡해 진 것은 병원의 전문요원이나 기사가 결정적 진단을 하거나 진단의 단서를 제공할 수 있다고 믿는 현대 임상의의 불합리한 신념에 기인한 것이다. 이런 식으로 진단이 내려지면 제약회사의 지침에 의해 관련된 처방을 한다. 이것은 여러 가지 진단 또는 치료법을 하나로 축소시키는 방법으로, 임상의사의 전문가적인 진단과정이 결여되어 있다.

임상의사는 종종 기계적인 검사 결과에서 비롯된 전문적인 의견을 도움이 절박한 환자에게 제시하게 된다. 임상의나 환자 또는 검사를 시행하는 기사조차도 검사방법의 선택이 수많은 가능성을 배제하는 진단의 시작이라는 것을 간과하곤 한다. 임상의와 기사는 서로가 각자 자신의 임무를 잘 수행하고 있다고 믿으려 하며, 환자는 그들이 잘 하고 있다고 믿으려 한다. 임상의와 기사는 지도상의 한 점을 찾듯이, 환자의 정확한 질병을 규명해야만 한다.

[2] 현대의학에서는 10가지 증상 중 8가지 이상을 가진 경우에 '가족적 유사성'으로 단순화시킨다.

구직(Guzick) 등[3)]은 이 방법의 오류를 보여주는 지극히 전형적인 사례들을 출판하였다. 그는 불임 전문 병원에 '불임' 부부들의 검사를 의뢰하였다. 그들 중에 무작위로 선정된(최근에 임신한 경험이 있는) 몇몇 '가임' 부부를 불임이라고 하여 포함시켰다. 그 병원에서는 각 부부에게 12가지가 넘는 표준검사를 하고 불임부부의 84%에서 적어도 한 가지의 비정상적인 결과(즉, 그들이 불임인 이유)를 찾아내었다. 그러나 그들은 가임부부의 69%에서도 적어도 하나 이상 '불임으로 간주할 수 있는' 비정상적인 결과를 발견했다! 32쌍의 부부 중 약 3/4에서 —실제 아이가 있음에도 불구하고— 불임이라고 진단할 수 있는 임상적 원인을 찾아냈다. 이는 누군가가 당신에게 하나의 가설(환자가 '아프다' —또는 이 경우에서처럼 불임이라고 가정)을 제시한 경우, 인과관계를 찾아내야만 하는 것과 같다. 의사는 불임에 대한 —어떠한— 이유라도 찾으면 의사로서 자신에게 던져진 문제는 해결됐다고 생각하고 '다음 환자 들어오세요' 라고 하지만, 환자의 문제가 해결된 것은 아니라는 점을 주목해야 한다.

많은 대학원생들도 이러한 입장에 처해있다. 그들 앞에는 수수께끼가 놓여있고 각 수수께끼가 박사 논문 주제가 되도록 해야만 한다. 약간 과장되게 말하면, 지도교수와 학생 모두 '그래, 이게 논문감이야' 라고 가정하거나 기대하는 모습들을 보아왔다.

대학원생은 지도교수가 던져준 질문에 방어 가능한 해답을 찾아야만 한다. 하나의 답을 찾으면 문제가 해결된 것처럼 보인다. 많은 박사학위 수여자들이 이처럼 '정답을 찾았다' 는 것으로 학위를 받는다. 박사학위 논문이란 지도교수의 편견에 대해 수렴적이 아니라 발산적인 태도를 취해야 한다고 생각한다. 그리고 독자 여러분도 앞으로 알게 되겠지만 우리는 그다지 수렴적이지 않다[4)].

데이터 발췌나 조작으로 그 어떤 것도 증명될 수 있는 이런 황당함(예를 들어,

[3)] Guzick, D.S., Grefenstette, I., Baffone, K., Berga, S.L., Krasnow, J.S., Stovall, D.W. and Naus, G.J. (1994) Infertility evaluation in fertile women - a model for assessing the efficacy of infertility testing. *Human Reproduction* 9, 2306-2310.

[4)] 그러나, 우리는 과학자들을 두 부류로 나누었다. 따라서 우리에게도 수렴적인 경향이 조금은 있을 수 있다.

아이가 있는 부부가 불임으로 진단되는 것)에서 '거짓말쟁이 통계학' 이라는 통계학의 오명이 비롯되었다. 그러나 좋은 실험(과학자)이란 데이터와 통계에 대한 단순화한 관점을 넘어서야만 하며, 이 책의 목적 또한 이를 권장하기 위함이다. 우리가 단 하나의 '이상적인' 답을 가진 학기말 시험문제를 좋아하지 않는 것처럼 어느 누군가의 질문에 한 가지 답을 내는 논문에도 회의적이다. 우리는 당신이 진실을 찾을 때 단순화된 접근방식에서 벗어나기를 원한다. 아마도 확실성만을 추구하고자 하는 신념도 있을 것이다. 과학자로서 우리가 가져야 하는 유일한 확실성이란 50년 전의 가설이 지금은 어리석게 보이는 것처럼, 오늘날의 가설이 50년 후에는 그렇게 보일 수도 있다는 점이다.

실험(또는 다른 종류의) 과학을 하는 당신은 이를 책의 말미에서 보게 될 것이다. 실험 설계는 가설에 관한 것이지 않은가? 가설이 하나 있다.-그것을 반증하기 위한 실험을 설계한다.-그것의 반증에 실패한다.-가설이 성립된다. 만약 양배추가 인을 필요로 한다는 가설을 세웠다면, 수많은 과학자들은 인이 있는 상황과 없는 상황에서 양배추를 키운다. 만약 인이 없는 상황에서 양배추가 자라지 않으면, 가설이 증명된 것으로 간주하고 다음 단계로 넘어간다. 또는 그들이나 그들의 연구보조원들은 이와 유사한 결핍 실험(deficit experiment)을 계승하여 어떤 방식으로 인이 필요한지를 연구하게 된다.

자갈밭 주행실험에서 차 50대 중 한 대가 10 km를 달린 후 부속품이 빠지거나, 어떤 동전을 1000번 던졌을 때 앞면이 650번 나오면 이는 특정 가설을 확증하는 것처럼 보인다. 그러나 이는 포퍼(Popper)의 엄격한 반증주의에 위배되며, 이런 경우 과학의 발전이란 해변에 있는 모래알을 세는 행위보다 나을 게 없다. 가설(고장 난 차! 또는 속임수 동전던지기!)의 검증은 그 이상의 관찰결과를 예측함으로써 이루어진다(선입견은 가설을 검증할 수 없음을 기억하라. 예측은 추측 불가능해야 한다)[5]. 간단히 예를 들면 500대의 대조군 자동차 또는 동전을 1000번 더 던지면(또는 브뤼셀산 콩나물도 인이 없으면 자라지 않는다) 설득력을 가

[5] Cohen, J. and Stewart, I. (1998) That' s amazing, isn' t it? *New Scientist* 157:24-28.

질 수는 있다. 그러나 당신이 이 책을 읽은 후 제대로 된 차 또는 적절한 동전을 통해 검증 시스템 자체를 검사하기 바란다. 이것을 '프로토콜 실험' 이라 하고, 이것은 검사방법을 검증한다. 그런 예측적이고 관찰적인 검사는 통상적인 과학에서 매우 유용한 방법이다. 대부분의 통상적인 과학자들은 위에서 설명한 것처럼[6] 대조군만으로(어찌됐든 프로토콜 그 자체의 검증을 생략하면서) 결핍실험을 한다. 우리는 과학이 이것보다는 더 흥미로워야 한다고 생각한다.

고생물학, 천문학, 생태학[7]과 같은 관찰 과학에서 '이것은 동일한 화석이다. 이것은 같은 기원을 가진 화성의 운석이다, 또는 같은 조건에서 자란 너도밤나무다' 라는 주장을 설득하는 것은 어렵다. 그래서 그 예측은 검증 가능해야 한다. 소위 말하는 소급추측(retrodiction)[8]이 더 나은 방법이 될 수 있다. 만약 가설이 타당하다면, 기존에 발견된 화석이나 기존에 분석한 운석은 당신이 제시한 성질들을 가지고 있는 것으로 밝혀질 것이다. 그것은 마치 자갈밭 주행시험에서 실험용 차가 높은 실패율을 보이는 것이나 자연적으로 인이 결핍된 토양에서 양배추는 결코 성공적으로 자라지 않는다는 것을 발견한 것과 같다.

관찰과 성공적인 예측은 음식에 비유하자면 밥과 같이 핵심을 이룬다. 결핍실험은 반찬이고 적절한 통제가 이루어지지 않으면 이는 양념이 빠진 것과 같다. 보다 정교한 실험은 특식이다! 또한 잘 설계된 결과–반전 실험(result-reversal experiment 9장)은 후식으로 나오는 크림을 얹은 딸기와 같다.

5.3 실험

간단한 질문에 대한 답을 구하기 위해 관찰과 예측에 더불어, 일반적으로 실험을 수행하게 된다. 많은 사람들은 실험이란 우리가 측정한 것이 문제와 더 연관

[6] *Nature*잡지의 세 부를 무작위로 선정하여 조사해본 결과, 61편이 결핍 실험, 2편이 결과-반전 실험, 13편이 경쟁 실험이었고 100편 이상은 관찰/분석 실험논문이었다.

[7] Hilborn, R. and Mangel, M. (1997) *The Ecological Detective*. Princeton University Press, Princeton, NJ.

[8] 역자 주: 현재의 정보에 기초하여 과거의 일을 추리하는 방법

되어 있다는 것을 보여주기 위해 관찰한 것을 제한하거나 변경시키는 방법이라고 생각한다. 물리학자들은 모든 물리적 매개변수들이 같고 단지 관심 있는 변수만 변화한다고 확신한다. 화학자들도 이와 마찬가지로 여러 가지 다양한 실험 상황에서 모두 온도와 압력이 동등하다고 확신한다. 생물학자들도 마찬가지이다. 수십 세대동안 쥐를 동족 번식시키면, 모든 동물들이 –수천마리의 동일한 쌍둥이처럼– 거의 동일한 유전자를 가지는 연구용 동물이 된다고 확신한다. 예를 들면, 이를 통해 실험동물 전체의 유전적인 변이 질병에 대한 감수성을 시험할 수 있다고 생각한다.

실험을 통해 우주의 본질이 바뀌지는 않는다. 관찰을 할 때에도 마찬가지로 여전히 복잡하다. 따라서 부득이 우리의 관심은 우주에서 매우 작은 부분으로 제한될 수밖에 없고, 관심영역을 두 가지 영역으로 나누게 된다. 매개변수(parameters)는 소우주가 특성으로 가설에 직접적으로 관련되지는 않지만, 결과에 영향을 미친다. 따라서 매개변수는 가능한 한 실험에서 통제되어 변하지 말아야 한다(낮의 길이, 물, 토양, 양배추의 종류). 반면에 변수(variables)는 우리의 가설을 이루는 하나의 요인으로 가설을 검증할 때 이를 변화시킨다(예: 인의 유무 여부).

전통적으로 실험을 실험답게 하는 것은 대조군(control situation)과 실험군(experimental situation) 사이의 정확한 구분이다. 두 군 모두에서 매개변수는 가능한 한 유사하도록 통제된다. 대조군에서 변수는 인과관계가 일어나는 일반적인 상태에 있다(양배추는 인이 있을 때 자란다). 실험군에서는 만일 가설이 옳고 유용하다면 실험하고자 하는 인과관계를 설명하기 위해 관심변수를 일정한 값으로 변화시키게 된다(예: 인이 없는 양배추).

따라서 실험에 무관한 요인, 실험에 영향을 미치기 때문에 통제해야 하는 요인(매개변수), 변화에 따라 결과가 달라지는지 보기 위한 요인(변수)을 분류해야 한다. 실험에 무관한 요인과 매개변수를 구분하기는 어렵지만 이 두 요소가 실험의 정황(context)을 형성한다. 실험의 내용(content)은 실험자가 밝히고자 하는 인과관계, 즉 A가 X에 영향을 미친다는 것이다. 그러나 X에 영향을 미칠 수 있는(B, C, D와 같은) 편향요인(biasing factors)이나 혼동요인(confounding factors)도 실험의 내용일 수 있다. 잘된 실험 설계는 내용과 정황의 효과를 정확히 구분한다. 허접한 실험 설계는 우리가 이해하려(그리고 설명하려) 하는 인과관계를 복잡하게 만든다. 그러나 정황은 설명할 수 있는 인과관계를 규정하고 제한한다. 사육 돼지와 기생충에 관한 실험은 나비의 날개 색깔이 포식에 영향을 미치는지를 설명할 수 없다. 또한 야생 돼지의 감염 경로를 설명할 수 없다– 아니, 할 수 있나?

실험 결과를 발표함으로써 실험이나 실험을 했던 과정들이 의미를 가지게 된다. 아마도 사육 돼지의 기생충에 관한 실험 결과가 야생 돼지를 설명할 수 있을 수도 있다. 만약 당신이 돼지와 그 기생충에 대한 실험을 설계하기 전에 진화에 대해 고심한다면, 당신이 발견한 진화에 대한 관점으로 인해 저자들의 서문내용이나 나비의 포식에 대한 교과서 내용이 바뀔 수도 있다. 극소수이긴 하지만 탁월한 실험은 매우 광범위한 영향을 미친다.

정황은 실험의 인과적 구조를 규정한다. 만약 당신이 매우 좁은 범위의 연구를 한다면(지역 농민의 협동조합을 위한 돼지 기생충 연구), 그 결과가 포식 방어나 야생 돼지에 영향을 미치기란 매우 어렵다. 그러나 만약 당신이 매우 넓은 정황 내에서 생각한다면(깊이 있는 질문을 위해 가장 순종적인 동물 모델로서 선택한), 돼지 실험에서 얻은 결과가 관련 없어 보이는 문제들에도 통찰력을 제공할 수 있는 가능성이 생길 수도 있다. 일반적 관점에서 생각하라! 엄청난 영향력을 행사하고 있는 Nature나 Science 학술지에 게재할 만한 내용이 당신 실험에는 있는가? 7장에서 정황에 대한 문제, 과학적 가설과 실험 결과에 대한 의미를 다룰 것이며, 8장에서는 표본 추출과 모집단에 대해 언급하면서 일반화에 관한 논의를 재조명할 것이다.

그러나 당신이 생물학자로서 어떤 노력을 하든, 실험을 설계하려 할 때는 하버드(Harvard)의 생물학 법칙을 기억해야 한다. '모든 매개변수를 통제하고 변수만 실험범위 내에서 변화하도록 한 이상적인 생물학 실험에서도, 때때로 유기체는 본성대로 행동한다.'

아니,
이건 유의성이 없어.
이만개 중 겨우 한개에
불과한 걸.

Chapter 6 무엇을 측정하려 하는가?

What are you measuring?

6.1 다양성, 표본, 모집단

다양성, 표본, 모집단은 이 단원의 이해를 위해 필요한 개념들이다. 이 세 가지 개념은 수집된 자료를 통해 실험의 효과 및 차이를 찾아내는 데 중요하다. 모든 실험은 다음과 같은 형태로 설명할 수 있다. 실험자는 성공적인 결과를 위해 종속변수에 대한 대조군과 실험군 사이의 차이를 보여주고 싶어 한다[1]. 이 중 핵심적인 사항은 실험군이 대조군과 다르다는 결론을 얻으려면 그 차이가 얼마여야 하는가이다. 예를 들어, 대조군의 양배추 평균 무게가 1.2 kg이고 (인이 없는) 실험군 양배추 평균 무게가 1.15 kg이라면 이 둘은 서로 다른 것일까?[2] 만일 실

[1] 9장에 나올 내용을 미리 짚어보면, 결과-반전 실험의 경우에는 두 개의 실험군이 필요한데 이 중 하나는 대조군과 같은 형태가 된다.

[2] 여기서 집필진의 세심한 배려로 1.20 kg 대신 1.2 kg이라고 쓴 것에 주목합시다. 아셨죠?

험군 양배추 평균 무게가 0.5 kg라면 어떻게 될까?

통계학은 표본이 있는 경우에만 제 역할을 할 수 있다. 유의해서 보면 우리 모두는 일종의 모집단으로 정의된다. 모집단을 정의하면 실험의 영역도 정해지고 적용 가능한 범위도 구해진다. 이는 앞의 장에서 이야기했던 정황(context)이라는 주제와 연관되어 있다. 실험에 포함되지 않은 것도 정황 속에는 있다.

자갈길에서 제대로 주행할 수 있는 차는 어떤 회사 것일까? 여기서 모집단은 '어떤 회사의 차' 이다. 만일 이런 형태의 차가 하나라면, 실험자는 그 차만 가지고 실험하면 된다. 여기에 통계학은 필요 없다. —그 차의 속도가 떨어지느냐 아니냐가 결정되면 이에 맞춰 결과를 서술하면 된다. 이것이 이산형(binary) 결과이다. 만일 이런 형태의 차가 여러 대 있고 이들이 여러 가지 면에서 동일하다면 이들 중 하나만 조사하면 된다. 수소원자 하나의 작동방식을 알게 되면 동일한 특성을 지닌 모든 수소원자가 같은 양식으로 반응한다고 추정할 수 있는 것도 마찬가지다. 실제로 모든 수소원자가 같다고 가정할 때만 수소원자 하나로도 실험할 수 있다. 단, 중수소와 3중 수소에 대해 모른다면 우리의 '안전성' 은 매우 위협받을 수 있다.

그런데 만일 모집단이 동일하지 않은 여러 대의 차로 이루어져 있다면 어떻게 해야 될까?[3] 그냥 차 한대를 골라서 자갈길에서 실험해 볼 수는 있으나 이는 겨우 차 한대에 대한 결과일 뿐이다. 어떻게 이 결과로 이 회사의 모든 차가 자갈길에서 일정한 속도를 낸다고 할 수 있겠는가? 따라서 답은 한대 이상의 차를 검사하는 것이다. 많은 수의 차를 검사할수록, 표본의 크기가 클수록, 결과는 더욱 모집단 대표성을 띄게 된다. 그러나 여전히 이 결과가 전체 모집단을 대표한다는 결론에는 무리가 있다. 따라서 우리는 이러한 실험 결과들을 추론(inference)을 통해 대표성을 띠도록 한다. 통계학이란 이러한 모든 추론의 과정이다.

[3] 속설에 의하면 월요일과 금요일에 만들어진 차에 결함이 많다고 한다.

만일 우리가 전체 모집단(예를 들면 표본조사보다 전수조사)을 대상으로 조사하거나, 단순히 실험을 진행해서 그 과정에서 일어난 일들을 기술하는 것이라면 통계학을 사용할 필요가 없다.

- '실험에서 감염된 쥐의 50%가 X라는 합성물에 의해 치료되었다' 는 것은 단순한 서술이며 여기에 통계학은 필요하지 않다. 이는 우리가 보고 듣고 경험하는 것들이다.

- '그러므로, 이러한 결과에 기초하여 우리는 합성물 X가 감염된 쥐를 치료할 수 있는 물질이라는 결론에 도달할 수 있다' 는 것은 하나의 추론으로 실험용 쥐가 전체 쥐의 표본이라는 것을 증명할 통계학이 필요하다(모든 쥐? 같은 유전형을 가진 모든 쥐? 같은 사육실 출신의 같은 유전형을 가진 모든 쥐? 8월생의 같은 사육실 출신의 같은 유전형을 가진 모든 쥐?).

- '그러므로 우리는 합성물 X가 이 바이러스에 효과적이라고 결론지을 수 있다' 라는 것은 또 다른 추론으로, 실험성 감염(예: 바이러스)이 모든 바이러스 중 하나라는 걸 증명할 통계학이 필요하다(쥐에서? 모든 쥐에서? 모든 포유류에서? 거꾸로 생각해 본다면, 쥐가 대표하는 모집단이 설치류인가 포유류인가?).

이는 '동전을 던졌더니 뒷면이 나왔다' 와 '동전을 100번 던졌더니 뒷면이 56번 나왔다. 그러므로, 이는 편향된 결과가 아니다' 라는 것과 같다. 후자의 예에서 100번이라는 경우의 수는 던질 수 있는 모든 경우의 수 표본이며 우리는 이러한 표본에 근거하여 추론을 내리게 된다. 이 경우 '아마도 편향되지 않았을 것이다' 라고 하는 것이 좀 더 안전한 표현방법이다.

통계학이 주로[4] 생물학자들의 자료를 분석할 목적으로 고안되었다는 것은 결코 우연이 아니다. 일례로 부모와 자식 간 키의 연관성을 유도하는 회귀분석, 화분

[4] 확률이론은 도박을 위해 고안되었으며, 당신도 직접 활용할 수 있다.

에서 키우도록 고안된 식물의 성장실험으로부터 어떤것을 유추하는 분산분석 등이 있다(9장 참조). 변이는 생물학의 가장 흔한 위험요인으로, 대부분의 변이는 각 개체들 사이에서 발견할 수 있는데 이를 응용한 표본화와 추론은 생물학 전반에 매우 중요하다. 또한 다양성이 지배하는 모든 '파생' 적 과학 분야(심리학, 경제학, 사회학 등)는 처음에 생물학에서 사용되던 방법론을 차용하였다. 사실 이 분야에서 우리가 생각하는 모든 개념들은 피셔(Fisher)가 농작물로 했던 실험에 기초하고 있다. 이는 한 인간의 위대함을 보여주는 것이기도 하지만 또 한편 그의 후학들의 상상력이 빈곤하다는 반증이기도 하다.

경험한 바에 의하면, 1년차 박사 과정 학생 중 우리가 짐작하는 이유로 통계학을 공부하는 사람은 많지 않았다. 대부분 다른 사람이 하기 때문이거나 혹은 다른 사람들이 하라고 해서 하는 경우가 많았다. 수영복을 입는 이유와 같이….

당신이 하려는 실험이 한 번으로 끝나기보다 뭔가 큰 의미를 가지길 원한다면 첫 번째로 해야 할 일이 모집단과 표본을 정의하는 것이다. 이 책은 통계학에 관한 것이 아니기 때문에 표본추출방법에 대해서는 자세히 다루지 않을 것이다. 하지만 모집단을 정의한 후에는 전체 모집단에서 표본을 추출해야 한다. 모집단 내의 모든 개인이 표본으로 추출될 수 있다. 이것이 확률표본이다. 또한 모집단 내에서 성원들을 추출할 확률이 모두 같은 경우를 무작위표본이라고 한다.

이런~! 통계학(예를 들어, 결과로부터 추론)은 대부분 모집단의 확률(혹은 무작위)표본에 근거하고 있다. 그러나 당신이 동물 사육실에서 키우는 쥐는 실험실에서 이종교배된 쥐의 일종일 뿐이며 이들 중 일부를 표본으로 추출한다고 해도 이는 모든 이종교배된 실험실 쥐의 대표 표본일 뿐이다(당신이 실험실 내에서 사육중인 쥐는 1950년에 한 쌍의 쥐에서 출발해서 온갖 고문과 기아, 극심한 추위 속에서 비정상적인 식이요법을 받고도 살아남은 자들이며, 이들은 1993년에 쥐간염(murine hepatitis)을 겪은 일이 있으며 몇몇은 진드기의 공격을 받았다).

이로 인해 많은 실험실 동물(특히 쥐)이 동종교배에 의해 길러지게 되었다. 하나의 C57BL6 쥐는 다른 C57BL6 쥐와 매우 유사하며, C57 쥐와도 상당히 유사하다. 하지만 이들은 DBA나 스위스산 이종교배 쥐와는 다르다. 그러나 유전요인과 마찬가지로 환경, 나이, 동물의 상태(그들의 관리상태)도 조절할 필요가 있다. 이것이 현대 동물 실험에 있어 특정 병인 부재(specific pathogen-free, SPF) 체계를 만든 이유이다. 이를 실현시키려면 막대한 비용이 들지만, 적어도 같거나 혹은 최소한 유사한 종족의 건강한 쥐로 실험을 진행할 수 있다. 물론, 야생동물은 이들의 과거 유전적 환경적 요인 등을 과학자가 조절할 수는 없다. -만일 이들의 자연적 기생충 등의 문제가 해결된다 하더라도 대부분의 병리증상 등은 남아있게 된다. 야생의 동물들에게는 광범위한 미지의 변이가 존재하며 이는 실험에서 생성되는 '신호(signal)'[5]를 방해하는 '잡음(noise)'[6]의 형태로 나타난다.

첫 번째 실험에서는 값 싸고 정제되지 않은 쥐를 사용하고 이 실험이 성공적인 결과를 보였을 때 좀 더 비싸고 SPF가 가능한 표본을 사용하면 된다. 몇몇 연구의 경우 노토바이오트 쥐(gnotobiotic mice; 바이러스나 세균이 아주 극소수)나 무균 쥐(axenic mice; 이상적으로 어떠한 감염균도 없는)가 필요하기도 하다. 그러나 유의할 점은 같은 유전자를 지닌 쥐라 하더라도 이종교배된 쥐와 비교하면 표현형이 다를 수도 있다는 점이다[7]. 노토바이오트와 특히 무균 쥐는 일반적 쥐, 설치류, 포유류의 표본이 될 수 없다. 예를 들어 이들의 소화기능은 소화관에 흐르는 혈류가 좋지 못할 경우 심각한 손상을 입으며 이로 인해 내인성 비타민 결핍에 시달리게 된다. 결과적으로 좀 더 나은 모집단 표본을 구하기 위해 노력하다보면 원래 관심 있었던 내용과 거의 관련이 없는 새로운 모집단이 생성되는 역설적인 상황이 발생하기도 한다.

5) 역자 주: 어떤 의미 전달을 위해서 의도적으로 만들어진 모든 형태로 의사소통의 의도를 담고 있는 것. 여기서는 실험을 통해 보고자 하는 내용을 의미
6) 역자 주: 한 사람이 다른 사람에게 메시지를 전송하는데 있어 이를 간섭하는 어떤 방해나 결함으로 여기서는 실험 과정상 결과에 영향을 미치는 다른 요인들을 의미
7) 주된 이종교배 쥐의 경우 가장 무거운 쥐와 가장 가벼운 쥐 사이의 개별 무게차가 10% 안팎이다. C57BL6 동종교배 된 쥐는 때때로 'runt(작은 소)' 무게의 두 배가 되기도 한다. 동일한 쥐일 경우 어미의 자궁과 수유기간에 더욱 격렬하게 경쟁한다.

사실 우리는 노토바이오트 혹은 무균 쥐가 필요한 이유에 대해 제대로 이해하고 있지 못하다. 대부분의 실험 설계는 마치 수동 잔디 깎는 기계의 설명서를 읽으면 자동차의 작동상태도 이해할 수 있다고 생각하는 것과 같다. 이 동물이 좀 더 '순수' 하며 좀 더 '(본래의) DNA에 가깝다' 는 주장은 이상적 유기체에 대한 플라톤식 접근방식이다. 심지어 면역학에서 이 동물을 사용한다고 해도 '너무 순결해서', 그로 인해 비정상적인 양상(흑인차별, 십자가, 기독교적 세계관 등으로 인해 자신들의 상태 조절 불능인 것과 같은 모습)[8]을 띠게 된다.

요즘 대부분의 연구에서는 소위 극도로 면역제거된(SCID, severe combined immuno-deficiency) 쥐가 쓰이고 있다. 이들은 대개 실험용 쥐로 이용되는 것이 아니라 포유류 특히 인간의 조직/암/유전자/단백질 등의 배양을 위해 사용된다. 다른 종류의 쥐도 많으며 GM 쥐는 특정한 연구목적에 맞춰 제작되기도 한다. 예를 들어, 어떤 쥐에서는 암발생시 암세포를 자연사시켜 죽게 만드는 p53 유전자를 무력화시키기도 한다. 이러한 체계가 비활성화되면 쥐가 자연세포사할 위험이 없어져 순수한 암의 발생과 진행과정을 관찰할 수 있다. 여기서 주의할 점은 이 쥐들이 전체 쥐를 대표하지는 않는다는 점이다. 사람들은 이 쥐를 생화학적 '실험용' 으로 취급하면서 종종 이 쥐에서 보이는 생화학적 변화가 다른 쥐에도 똑같이 일어날 것이라고 믿는 오류를 범한다. 이는 특히 녹아웃(knockouts)[9]을 통해 개별 유전자의 효과를 연구할 때 두드러진다. 그러나 쥐는 실험자의 생각보다 훨씬 복잡한 체계를 지니고 있다. 대부분의 녹아웃은 뚜렷한 표현형적 효과가 없는데 이는 다른 유전적/발달 체계가 보상작용을 하기 때문이다. 실례로는 광우병과 연관된 프리온 단백질을 들 수 있다. 녹아웃 체계를 이용한 연구에서 지금까지 밝혀진 것은 아무것도 없다. 물론 녹아웃된 쥐는 편안하고 따뜻한 실험실에서 풍부한 음식물과 물을 공급받으며 아주 적은 병과 독소를 가지게 된다. – 이들의 아이큐 측정은 쉽지도 않고 시도된 적도 없다.

[8] 이들의 면역체계는 항원에 대항하도록 발달되어 있지 않다. 예를 들면 유아기에 너무 청결하게 길러진 어린이는 효과적인 면역체계를 갖추지 못할 수도 있다(이는 고립될 경우 언어능력을 갖추지 못하는 것과 같다).

[9] 역자 주: 특정유전자 결여

6.2 무작위화

태생적 다양성을 극복하는 최선의 방법은 이를 무작위화—모든 것에 동등한 기회를 제공—하는 것이다. 다시 양배추와 인의 문제로 돌아가면 당신은 서로 다른 토지에 양배추를 무작위로 배양하려 한다. 그러나 사실 당신이 실험하려는 양배추는 두 개의 종에서 분화되었다. 하나는 빨리 자라고 다른 하나는 서서히 자란다(서서히 자라는 것이 맛은 좋지만, 당신이 이를 알기는 어려울 수도 있다). 100개의 양배추 중 1개만이 빨리 자라는 종이라고 가정해 보자. 이 양배추는 여러 토양 중 어느 하나에 속하게 되며, 이에 따라 인의 작용이 커지기도 하고 작아지기도 한다. 운이 좋다면 이 양배추는 이상값(outlier)이 되어 당신이 예상했던 것보다 훨씬 높은 수치를 보이지만, 그렇지 않다면 이 양배추가 최종 결과에 '잡음(noise)'이나 '오류(error)'로 남게 된다. 그럴 경우 예상보다 설명 불가능한 변이가 커져 토양 사이의 진정한 차이가 보이지 않게 된다. 특히 차이가 작은 경우에는 더욱 그러하다.

그런데 만일 빨리 자라는 양배추와 늦게 자라는 양배추가 같은 비율로 섞여 있다면(예를 들어 50대 50) 이들이 토양 사이에 균등하게 뿌려질 확률은 적다(15.8%). 표 6.1에 이에 관한 확률이 제시되어 있다. 이 표에서 눈 여겨 보아야 할 것은, 첫째, 실험대상수가 커질수록 무작위화가 잘된다. 둘째, 하지만 그 정도 차가 그다지 크지 않다는 것이다. 물론 불균등하게 분포하는 오류는 빨리 자라는 것과 느리게 자라는 것 사이의 차이가 얼마냐에 따라 달라진다. 이를 통해 유추해 보면, 성장률의 표현형(빠르게/느리게)에 따라 편향(biasing)이 발생할 수 있다. 이상적인 실험을 하려면 시작하기 전 이러한 점을 고려하거나(모든 식물이 같은 표현형일 것) 혹은 조절하여(각 토지에 각각의 표현형별로 같은 수를 배치) 실험계획을 세워야 한다. 이 모두가 실험에서 발생할 수 있는 잡음이나 내재적 변이를 감소시키려는 노력이다. 자료의 무작위화가 잡음을 감소시킬 수는 없지만 결과에 편향이 발생될 확률은 감소시킬 수 있다.

표 6.1

두 토양이 서로 다른 예외 수와 표본 수를 가졌을 경우, '예외' (예, 빠른 성장 양배추) 분포와 관련된 확률. 이는 엑셀에서 '@hypgeomdist' 식을 이용하면 구할 수 있다.

표본에서 예외 수	표본 크기	같은 토양에 있는 모든 예외 확률	하나의 토양의 정확히 절반일 확률	분포가 50:50이 아닐 확률
2	100	0.495	0.505	0.495
4	100	0.117	0.383	0.617
6	100	0.027	0.322	0.678
8	100	0.006	0.285	0.715
10	100	0.001	0.259	0.741
20	100	0.000	0.197	0.803
30	100	0.000	0.172	0.828
40	100	0.000	0.162	0.838
50	100	0.000	0.158	0.842
2	50	0.490	0.510	0.490
4	50	0.110	0.391	0.609
6	50	0.022	0.333	0.667
8	50	0.004	0.298	0.702
10	50	0.001	0.275	0.725
20	50	0.000	0.227	0.773
25	50	0.000	0.214	0.786
2	20	0.474	0.526	0.474
4	20	0.087	0.418	0.582
6	20	0.011	0.372	0.628
8	20	0.001	0.350	0.650
10	20	0.000	0.344	0.656

다른 예: 키가 큰 사람이 지능지수도 높다[10]. 이 가정을 검증할 때는 지능지수에 대한 다른 요소들의 영향정도를 알기 위해 대조군과 실험군 모두 동일한 키 높이가 되도록 해야 한다.

만일 성장률이 인과 연관되어 있는 경우 빠르게 성장하는 양배추일지라도 인이 풍부한 토양에서는 더 빨리 자라고 인이 부족한 토양에서는 덜 빠르게 자란다.

10) 진짜로는 그렇지 않습니다. 절대!

우리는 이를 혼동요인(confounding factor)[11]이라 부른다. 이는 설명변수와 종속변수 모두와 연관된(개념 정의상 관측되지 않은) 요인이다. 이를 정의하는데 있어서의 어려움은 만일 이 요인이 이미 알려진 것이라면 혼동요인이 되지 못한다는데 있다. 이미 알려진 요인이라면 이들을 조절해 각각의 집단이나 토지에 조절 가능한 매개변수가 되도록 해야 한다. 물론 해당요인이 혼동요인인지 설명요인인지 결정하려면 이들 사이의 인과관계 혹은 생물학적 연관성에 대한 통찰이 있어야 한다. 인과 유전자형 사이의 상관관계가 추가적인 잡음을 야기하는 방해요인인가? 아니면 연구주제와 관련된 생물학적 요인인가? 이런 잡음을 해석 가능한 변수로 만들려면 서로 다른 유전형을 분리해서 실험해야 하는가?

어찌됐든 실제 실험에서 결과(혹은 종속)변수는 일정한 분포양상을 가진다(그림 6.1과 Box 6.1, 6.2). 매개변수를 이용해서 실험을 통제하려는 목적은 측정시 생길 수 있는 변이를 감소시키려는데 있다. 이러한 (원인불명의) 변이가 자료에서 얻어지는 신호 즉 실험을 통해 우리가 얻고자 하는 내용을 방해하는 잡음이기 때문이다.

많은 기초 통계 교과서(와 독자)들이 겪는 어려움이 두 가지 있다. 매우 일어나기 어려운 가상의 시나리오를 통해서 선택오류와 측정오류를 분리해보자. 두 토지에 각각 10,000개의 배추를 심었다. 운이 없게도 실험이 중간정도 진행됐을 때 이 구역이 전쟁지대가 되었다. 따라서 오밤중에 100개의 양배추를 걷어 내거나 혹은 망원경으로 관찰해야 하는 선택의 기로에 서게 되었다. 만일 첫 번째 선택을 할 경우 양배추의 무게는 그림 6.1과 같이 나타날 것이다. 이것이 전체 10,000개의 양배추를 얼마나 잘 대표할 수 있을까?[12] 망원경으로 측정된 폭은 결론적으로 무게와 연결되어 있지만 측정이 어려워 참값과 측정값 사이에 오류가 생길 수 있다. 예를 들어 하나의 양배추 폭을 100번 측정할 경우 Box 6.1에 있는 그림과 같이 분포한다. 이때 측정오류를 반드시 고려하여 이것이 전체 측

[11] 참고문헌에 따르면 '혼동요인은 우리가 관심이 있는 원인과 결과관계에 관여하지 않는다' 라고 하며 '정확하고 복합적인 정의는 인과관계로 도식화할 수 있다' 고 정의하고 있다. 물론 이는 설명하기 쉽지 않은 개념이다.

[12] 10,000개의 양배추가 '모집단' 이 되며 따라서 이는 실제적으로 표본으로부터 표본을 추출해낸 것이다.

그림 6.1

아래 그림은 전형적인 자료 분포양상이며 실제로 평균 1.5에 표준편차 0.5인 정상분포의 무작위표본이다. 엑셀의 '@norminv( )' 식을 이용하였다.

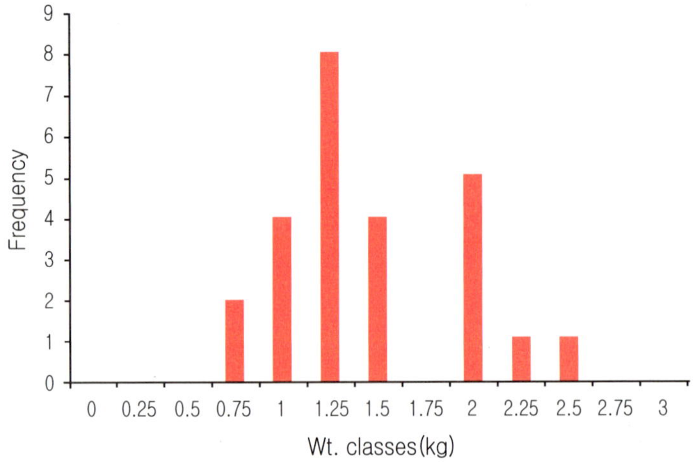

정 변이에 기여하도록 해야 한다. 그러려면 어떻게 해야 할까? 이에 대해서도 생각해보자.

독자 여러분들이 위의 예를 통해 양배추 무게 측정시 하나의 양배추를 100번 이상 재야 한다고 이해했기 바란다. 그렇지 않을 경우 측정오류가 얼마이고 자연 변이가 어느 정도인지를 모르기 때문에 자료를 신뢰할 수 없으며, 다른 사람이나 다른 망원경을 사용했을 때 또 다른 결과가 나올 수 있기 때문에 값이 반복적이지 않다. 따라서 측정오류가 발생하는 이유(그림 6.1과 Box 6.2)를 알아야만 그 자료 자체를 해석하고 이용하는 것이 가능하다.

따라서 모든 일에 대해 올바른 판단을 해야만 한다. 측정의 변이(예를 들어, 표준 편차, Box 6.3)는 시간을 투자하고 좀 더 나은 장비를 사용할 경우, 즉 1,000 파운드의 돈을 더 들인다면 줄일 수 있다. 이것이 과연 가치가 있는 일인가? 이는 실험의 범위(scope)와 관심도(concern) 두 가지로 인해 그렇지 못한 경우가 대부분이다. 예를 들어 하나의 양배추를 복제했을 때 내재적 변이성(예를 들어 유전적 잡음, genetic noise)은 대폭 줄일 수 있지만 이로부터 얻어진 결과는 복

Box 6.1

'정규' 분포

25개의 양배추 무게가 그림 6.1처럼 분포되어 있다고 하자: 세 개는 0.25와 0.5 kg 사이에, 다른 세 개는 0.5와 0.75 kg 사이….

양배추의 무게가 서로 다른 이유는 무엇이며, 이들은 왜 아래 그림처럼 분포하는가? 이 같은 분포 양상은 다음의 세 가지 이유에서 기인할 수 있다.

1. 양배추는 모두 같은 크기인데 동일하게 높거나 낮게 측정한 경우, 그리고 이의 오류확률이 참값보다 작다.

2. 양배추가 모두 다른 종이고 우연히(아니면 이종교배 후 여러 세대 지나) '난쟁이' 나 '거인' 이 될 특성이 분포되었다.

3. 토양이 매우 달라 유사한 종이라도 같은 무게가 나오지 않는다.

1의 경우에만 생물학 전공 학생들에게 친숙한 소위 정규분포를 보이며, 이는 아래 그림과 같다(그림 6.1처럼 25번만 하는 게 아니라). 측정을 여러 번하면 자료가 아래와 같이 분포한다고 생각할 수 있다. 여기서 유의할 것은 이론적 모형에서 사실상 한계는 없으며 양배추는 음의 무게를 가질 수도 있다는 점이다. 이 정규분포는 평균(이 경우 1.49 kg)과 표준편차(0.46 kg)이며, 표준편차는 측정값들 사이의 변이를 의미한다.

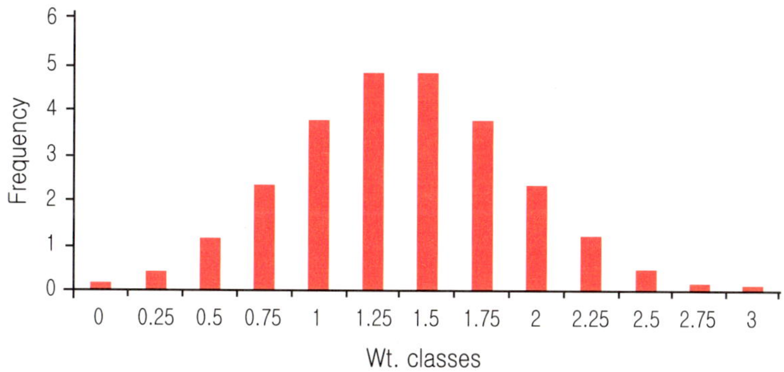

수학에서 정규분포는 매우 잘 정의되어 있으며 대부분의 수학공식은 정규분포를 가정하고 있다. 그러나 정규분포는 표준정규분포로 더 알려져 있으며 이는 모든 정규분포가 표준화될 수 있기 때문이다(Box 6.3 참조).

Box 6.2

'비정규' 분포

대부분의 생물학자들은 정규분포를 예상하고 이에 근거한 통계를 사용하지만, 실제 이런 분포가 전형적이진 않다. Box 6.1에 나와 있는 변이의 여러 가지 원인들로 돌아가 보면 2의 상황인 경우 다양한 양배추의 종이 균등하게 분포되어 있어 각 상자에 동일한 숫자로 균등하게 분포되어 있다. 3의 경우 균등하지 않지만 가운데로 몰려있는 양상을 보인다. 그러나 대개의 경우 특히 분석에서 자료의 정규분포를 가정하고 있다.

만일 2와 3의 상황이 한꺼번에 발생하는 경우(한 실험에서 두 개의 지수가 공존하여) 분포가 과다하게 퍼져있을 수 있다. 이 경우 변이가 훨씬 많아져 질 나쁜 토양에서 작은 배추가 나오고 질 좋은 토양에서 큰 배추가 나오는 양극단치가 생길 수 있다. 이러한 과다 퍼짐양상은 측정오류까지 더해질 경우 더욱 심해진다(1의 경우). 아래의 그래프는 이러한 분포를 나타내고 있다. 막대 형태의 자료는 무작위표본으로 두 개의 정규분포(평균이 각각 1과 2 kg이고 표준편차가 각각 0.3과 0.7 kg인 유전자형)를 보이는 25개의 양배추이다. 막대 위에 그어진 선은 분포의 합(여러 번의 측정을 통해 예측된 값)이며 이 자료의 변이는 그림 6.1에 나온 것보다 크며 원인 또한 다르다.

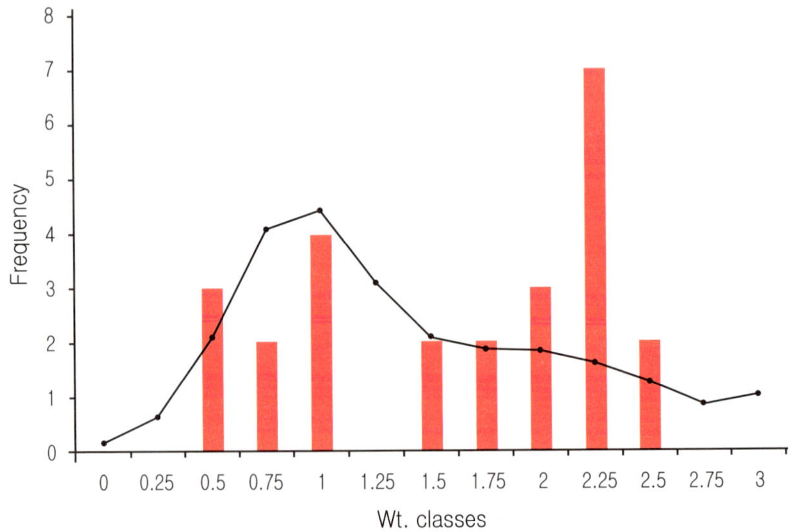

Box 6.3

표준정규분포

모든 자료에서 평균(mean)을 뺀 후 표준편차(standard deviation, SD)로 나누면 표준화된다. 예를 들어:

다음의 자료(1.5, 3.2, 4.3, 5.0)는 평균이 3.5이고 표준편차가 1.53이다. 이를 표준화하면 (−1.311, −0.197, 0.524, 0.983)이며 평균은 0이고 표준편차는 1이 된다.

이는 모든 분포에 적용가능하다. 이렇게 표준화되면 자료는 SD 단위가 되어, 표준화 값이 1.5라면 평균에서 1.5배의 SD를 더한 값이다. 표준화된 값에 SD를 곱하고 평균을 더하면 원래 값을 구할 수 있다. 이는 자료를 표준화하는 것과 정반대 과정이다.

값이 정규 분포한다면 표준화하여 표준정규분포(Standard Normal Distribution, SND)를 얻을 수 있다. 특히 이를 통해 특정 값 이상이 전체 분포에서 몇 퍼센트를 차지하는지를 알 수 있다. 예를 들어, 평균은 관측치의 중앙에 위치하며 관측치의 평균 이상이 50%, 평균 이하가 50%이다. 아래에 있는 그래프는 SND를 누적분포형태로 나타낸 것이며 수직축은 수평축에 있는 값들이 분포할 퍼센트를 나타낸다. 여기서 유의할 점은 이들은 원뿔형으로 분포하며 이론에 의하면 무한대로 작은 값부터 무한대로 큰 값까지 있을 수 있다.

SND에서 다음 두 개의 값이 특히 중요하다. 첫째로, 모든 관측치의 95%는 −1.96과 +1.96 사이에 위치하고 둘째로, 관측치의 5%는 −1.64 아래에 분포하며 다른 5%는 1.64 위에 분포한다. 이를 이해하고 있어야 가설검증과 신뢰구간 또한 이해할 수 있다.

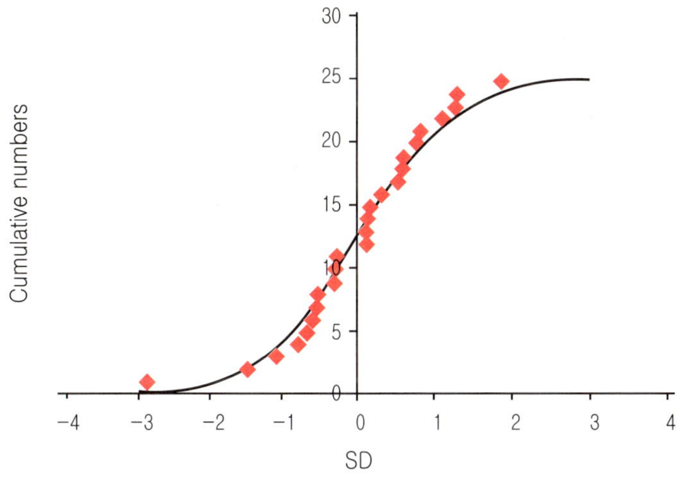

제 양배추에만 적용이 가능하다(6.1 단원의 실험용 동물에 대한 토의 내용 참조). 결국 우리는 실험의 범위를 줄이게 된다. 대개의 경우 실험의 폭과 변이성의 감소는 서로 맞물려 있다. 그러나 실험을 할 때 더 많은 비용과 더 많은 시간을 투자하여 정교한 실험으로 변이성이 완전제로가 되도록 하지 않는 이유는 독자들이 이를 전혀 개의치 않기 때문이다. 그들은 당신이 내놓은 통계가 아니라 결론에만 관심이 있다. 외부 논문 심사위원들이나 농부들에게 양배추의 무게감소가 12%±6%인 것이나 12.3%±0.6%인 것은 별 차이가 없다. 후자의 결과를 얻으려면 적어도 양배추의 양이 100배 이상 되어야 하지만, 그 결과가 더 설득적이지는 않다.

다른 한편으로 무게가 조금 덜 나가는 양배추와 드물고 위험이 적긴 하지만 상태가 불량한 질병과의 상관관계에 관한 역학조사를 할 경우 양배추의 변이성은 아주 작아야 한다(그렇지 않으면 잡음들 속에서 아주 작지만 중요한 신호를 놓치는 결과를 초래하게 된다). 내용에 따라 '절반정도' 나 '거의 다' 라는 답변이 질문에 대한 답이 될 수도 있지만 때에 따라 0.433±0.003이라는 답이 필요하기도 하다. 예를 들어, '거의 대부분' 의 원자력 발전소가 폭발하지는 않는다거나, '거의 대부분' 의 승객들이 비행기 추락사고로부터 안전하다는 답변이 '0.004% ±0.00006%의 비행기만이 추락사고를 일으킨다' [13]라는 답변보다는 권위가 떨어진다. 따라서 얼마만큼의 정확도가 필요한지를 결정하고 이를 정당화해야 한다. 이에 대해 정해진 답은 없다.

무엇보다 표본을 적합하게 추출하기 전에 모집단을 정의해야 한다. 모집단 내의 각 개인은 표본으로 추출될 확률이 모두 같다. 따라서 전화번호부 명단에서 무작위로 1,000명의 표본을 추출해낸 후에 이들이 모든 인구집단의 표본이라고 말하는 것은 이치에 맞지 않는다. 모든 이들이 전화번호를 보유하고 있는 것도 아니고, 모두다 영국에 살지도 않기 때문이다. 또한 인구의 표본으로 영국에 거주하며 전화번호를 보유한 사람을 대상으로 할 것인지 영국시민으로 전화번호를

[13] 이는 우리가 만든 수치이다.

보유한 사람을 대상으로 할 것인지를 명확히 해야 한다. 대체로 일간지 보도에는 이러한 내용들이 빠져있다. 여러분들은 역사적 통계결과 특히 대중매체에 실린 것들을 너무 믿지 말아야 한다. JC에 의하면 언론에서 이스라엘 전투기 조종사 자녀의 83%가 딸이라는 사실을 보도하면서 이와 연관된 생식능력에 대해 생물학자로서의 의견을 물은 적이 있다고 한다. 이는 설명할 필요가 없는 통계학적 우연일 뿐이다. 이와 유사한 사례로 1935−55년 동안 여성의 스커트 길이와 밀의 가격을 조사한 연구가 있다. 항상 기억해야 할 것은 '무작위는 편재(偏在)될 수 있다(RIC; 즉, 균등하게 분포되어 있지 않다)' [14]는 점이다.

숫자로부터 유추된 해석과 추론은 당신이 아는 것보다 훨씬 속이기가 쉽고 속단하기도 쉽다. 당신이 내리는 결론은 정확한 표본추출법을 시행하면 달라질 수도 있음을 항상 유념해야 한다. 8장에 이와 연관된 아주 드라마 같은 임상예가 있다.

6.3 ... 그리고 맹검법

지금까지 우리는 두 가지 토양에서 나온(인이 있는 혹은 없는) 양배추에 관해 이야기했다. 결과에 의하면 인뿐 아니라 다른 요소들이 양배추의 크기를 좌우하기 때문에 양쪽 토양 모두에서 양배추의 크기는 일정한 범위를 가지고 있다. 따라서 직접 조절할 수 없는 요소들은(왜냐하면 당신이 그것에 대해 모르기 때문에) 실험군과 대조군에 무작위로 배치되도록 하여야 한다. 만일 당신이 해당 요소(예를 들어 기온이나 습도)에 대해 알고 있다면 이 요소들을 적절히 조절해야만 한다.

측정자가 양배추가 어느 군에 속하는지를 몰라야만 양배추의 크기를 잴 때 몸이 피곤하여 서로 다른 기준으로 측정할 오류를 최소화할 수 있다. 편향에 대한 최선의 예방은 측정자가 실험군 즉 인이 부족한 양배추의 크기를 재고 있는지 대

[14] Cohen, J. and Stewart, I. (1998) That' s amazing, isn' t it? *New Scientist* 157, 24−28.

조군을 재고 있는지 모르도록 하는 것이다. 일반적으로 실험자가 양배추의 크기를 모두 적은 후 동료 실험자가 양배추에 무작위로 번호를 매긴 '단서용지(clue sheet)' 를 받는 것이 일반적이다. 이럴 때는 난수표(random number list)가 유용하다.

이상이 약물실험에 대한 일반적인 과정이다. 사실 약물허가를 위한 실험에서는 이중맹검법이 거의 의무화되고 있는데 이때 실험에 참가하는 환자와 의사 모두 어느 환자가 실험약물을 투여 받고 있는지 모른다[15)]. 위약효과(placebo effect)가 매우 커서 사람들이 생각만큼 객관적이지 않을 수 있기 때문에 이런 방법을 사용한다. 사람들은 자신이 둘 중 하나라고 생각하면 부지불식간에 편견을 갖게 된다. 우리가 경험한 바에 따르면 그럼에도 불구하고 대부분의 과학자들은 맹검법을 심각하게 생각하지 않는다. 만일 우리가 우주의 공동 지배자이고, 논문과 실험의 결과가 맹검법을 채택하지 않았다면 이를 통과시키지 않을 것이다. 이는 실험방식에 대한 비난이 아니라 당신이 인간이라는 것에 대한 자각의 문제이다.

[15)] 따라서 양배추들도 자신이 인을 섭취하는지 아닌지 몰라야 한다!

Chapter 07 측정에 관해 생각해보기

Thinking about your measurements

7.1 통계학을 해야만 한다면

항상 그렇듯이 통계학을 해야만 한다면 현미경, PCR 기계, 컴퓨터를 다룰 때처럼 자신 있게 사용할 수 있어야 한다. 진짜 시니컬한 사람이라면 필요한 정보만을 얻기 위해 통계학을 사용하는 것은 실험을 하기도 전에 논리적인 생각에 실패한 것과 마찬가지라고 말할 것이다. 실제로 잘 계획된 실험은 둘 중 하나(binary, 이산형으로 주로 '예' 아니면 '아니오')로 답할 수 있거나 적어도 둘 중 하나일 거라고 예상할 수 있어야 한다. 어떤 경우에는 대답 자체가 둘 중 하나일 수밖에 없는 것도 있다. 예를 들어 얼룩무늬 동물의 흰색부분에 색소세포가 없다는 가설이 있는데 색소세포가 있다는 걸 증명하면 이 가설을 부정할 수 있다(JC는 실제로 그의 박사학위 논문에서 그걸 증명해 보였다. 12장, Box 12.1을 참조). 또 까만 백조를 발견하게 되면 모든 백조가 하얗다는 가설도 부정하게 된다.

그러나 이런 명확한 이산형 답을 이끌어내는 질문은 거의 없으며 대부분의 경우 실험을 통해 얻어진 자료는 숫자로 나타난다. 예를 들어, X로 치료할 경우 50%가 죽고 Y로 치료할 경우 65%가 죽는다고 하면 이 두 가지 치료법이 서로 차이가 있는지 결정해야 한다. 이것이 통계학이 존재하는 이유이며 이를 통해 다음과 같은 질문에 답하게 된다. 내가 얻은 자료가 우연에 의한 것인가, 아니면 구조에 의한 결과인가? 이때 우리는 표본을 통해 모집단에 있는 무언가를 유추해내야 한다(Box 7.1).

그러나 통계학은 '예' '아니오' 라는 대답을 줄 수는 없다. 통계를 통해 불확실

Box 7.1

분포도에서 표본추출

아래에 있는 도표는 예상되는 자료의 분포양상을 선으로 보여주고 있다(사실 음의 이항식 분포를 보여주고 있으며, 중요한 것은 이 자료가 정규분포가 아니며 과도하게 흩어져 있다는 것이다(Box 6.2). (선으로 나타난)이 모집단의 평균은 10이다. 물론 모집단의 평균을 알기는 극히 어려우며, 평균을 추정하기 위해 표본을 추출한다. 예를 들어, 인간 모집단의 평균 무게를 계산하려면 동시에 모든 사람의 무게를 재야만 한다.

이 그림에 의하면 모집단에서 추출된 20명의 표본(막대) 즉 관측치의 20%(또는 0.2)는 0의 값을 가진다. 이 표본의 평균은 11.95이다. 실제 생활에서 접하게 되는 것은 표본이지 모집단이 아니다. 이 표본의 평균이 모집단의 모평균과 어떤 상관관계를 가지는가? 특정 표본에서 모집단의 특성을 유추해낼 수 있는가? 또는 특정 실험에서 생물학적 결론을 얻을 수 있는가?

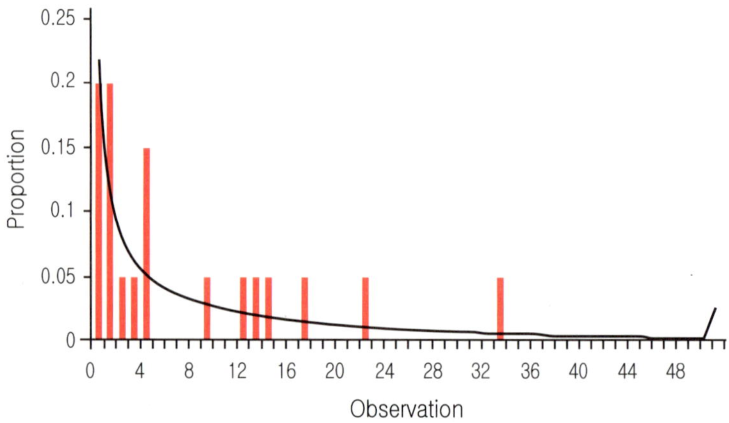

성을 숫자화할 뿐이다. 아니면 확실성을 숫자화해서 X치료법이 Y치료법보다 낫거나 A가 X의 원인이라는 것을 보여줄 뿐이다.

우리는 통계학적 안내서[1]처럼 설명하려는 것은 아니다. 세상에는 통계학과 컴퓨터 프로그램을 어떻게 적용하는지 설명하는 교과서들이 무척 많다. 이 책에서 당신이 좀 더 기본적인 통계학의 의미에 대해 생각해서 측정치들이 의미하는 바가 무엇인지, 당신이 이를 어떻게 이해했는지(특히 당신 자신에게) 설명할 수 있도록 하는 것이다. 대부분의 생물학자들이 통계학[2]을 사용하긴 하지만 담당교수나 저널의 편집장 요구 때문에 그렇게 하고 있다. 이는 자료의 바다에서 '유추' 라는 수영법을 배우기 위해서 수영복을 입는 것과 같다. 만일 공공수영장에서 수영복을 입지 않는다면 마치 벌거벗은 것처럼 느껴질 것이다. 마찬가지로 통계학적 분석 없이 자료를 보여준다면 마치 벌거벗은 것처럼 느껴야 한다.

'통계학(statistics)' 이라는 용어는 일반적으로 다음의 두 가지 의미를 지니고 있다. 자료 연구에 대한 원칙과 '통계치(statistic)' —자료에서 나온 측정치—들(s). 여기서 우리는 두 번째 의미를 논하려 한다. 우리는 실험에서 양배추의 무게를 재고, 면역글로블린 항체 G를 적정하고, 치면세균막을 세고, 활동성 유전자의 주형을 얻어내고, 행동에 점수를 매긴다. 이를 통해 얻어진 숫자들로 무엇을 해야 할까?

첫째, 자료를 안전하게 보관한다.—복사본은 부모님께 발송해드린다. 물론 다들 이렇게 하는 거 안다. 일단 컴퓨터 하드에서 복사본을 만든다.—플로피 디스크는 쉽게 망가진다. 화재에도 안전한 장소에 사진의 원본을 저장한다. 몇몇 대학원 학생들의 경우 이를 은행 금고에 맡기기도 한다. 그러나 요즘은 모든 영상이

[1] 통계학적으로 유용한 안내서로는 Kirkwood, B.R. (1988) *Essentials of Medical Statistics*, Blackwell Science; Sokal, R.R. and Rohlf, F.J. (1994) *Biometry*, W H Freeman. 통계 패키지 안내서에서도 많은 내용을 배울 수 있다. 그러나 더 좋은 책, 적어도 당신이 더 잘 이해할 수 있는 책이 있게 마련이다.

[2] 물리학자나 화학자들도 그러하며 그들은, 우리가 생각하기에, 생물학자들 혹은 심리학자들보다도 문제 해결에 적합한 통계를 쓰려는 노력을 기울이는데 덜 적극적이다.

전자화되는 추세라 위조하기도 쉽다.—원본을 당신이 손댈 수 없는 곳에 두는 것도 중요하다. 예를 들면 보관소(archive)에 백업(back—up)된 자료는 보관된 원본[3]과 완전히 똑같지는 않다. 실험일지의 각 페이지를 복사해야 하며 일지에는 실험 책임자의 서명이 있어야 한다. 당신이 (부적절하게)인용했다는 의심을 받지 않으려면 창조적인 방법으로 접근해야 한다.

둘째, 자료를 스프레드시트(spreadsheet)에 저장한다. 자료를 손쉽게 원하는 형태대로 도형화할 수 있으며 자료의 형태 및 원인과 결과에 대한 생각에 많은 도움을 준다. 예를 들어, 많은 정보를 포함하는 3—D 도표를 쉽게 만들 수 있다. 종종 대학원생들, 심지어 논문작성단계에 있는 학생들조차 다양한 방법으로 도표를 그리지는 못한다는 사실이 매우 놀랍기까지 하다. 'X에 대해 A의 관계를 B라는 수준에서 그려볼 생각을 해보진 않았니?' 라고 물으면 학생들은 멍하니 아무 대답 없이 그걸 하는데 얼마만큼의 시간이 소요되는지를 속으로 계산하곤 한다. 자료를 얻기 위해 많은 노력을 기울였다면 그렇게 소중한 자료를 유용하게 쓰도록 노력해야 할 것이다[4]. 이 단계에서는 원자료 그대로 저장할 것을 권한다. 어떤 통계도 돌리지 말고 관찰자가 측정한 대로, 자료가 나타나는 대로 도표를 그려야 한다. 특히 표준편차(standard deviation, SD)와 표준오차(standard error, SE)를 계산해서 변이성(variability)을 감추려는 시도는 하지 말아야 한다(그림 7.1 참조). 그림 6.1에 있는 바와 같이 빈도분포를 그리고 도표에 있는 점들을 연결하여 선을 그리면 이상값(outlier), 상관관계(correlation), 경향(trends) 등을 좀 더 면밀히 관찰할 수 있다.

일부 자료의 경우 결과를 변경시켜 다른 자료들과 같은 축에 넣어야 할 때도 있다. 망원경을 통해 잰 양배추의 폭은(윗글 참조) 체적화시켜야만 양배추의 무게와 합치거나 비교할 수 있다. 물론 일련의 양배추 폭과 무게를 잰 이유가 이 둘의 상관성을 변형을 통해 보여준다는 가정 하에서 적용된다. 이런 경우 실험자는 변형(transformation)이 필요한 이유를 확신하고 있어야 한다. 그러나 명확하

[3] 대부분의 컴퓨터 시스템은 백업을 하지만 이는 보관용(archive)이 아니다.

[4] 많은 사람들이 Edward Tufte의 *The Visual Display of Quantitative Information* (Cheshire, CT, 1998)를 추천

그림 7.1

동일한 자료를 세 가지 다른 도표 양식으로 표현하였다. 첫 번째 도표는 평균 ± 표준편차 - 모든 자료가 유사한 형태를 보인다. 두 번째는 박스와 세선으로 최대, 최소, 가장 높은 수치와 가장 낮은 수치를 제외한 값 - 명백한 아래쪽으로의 경향을 보이고 있다. 세 번째는 원시자료 - 더 많은 정보를 내포하고 있으며 반응형태를 두 그룹으로 나눌 수도 있다.

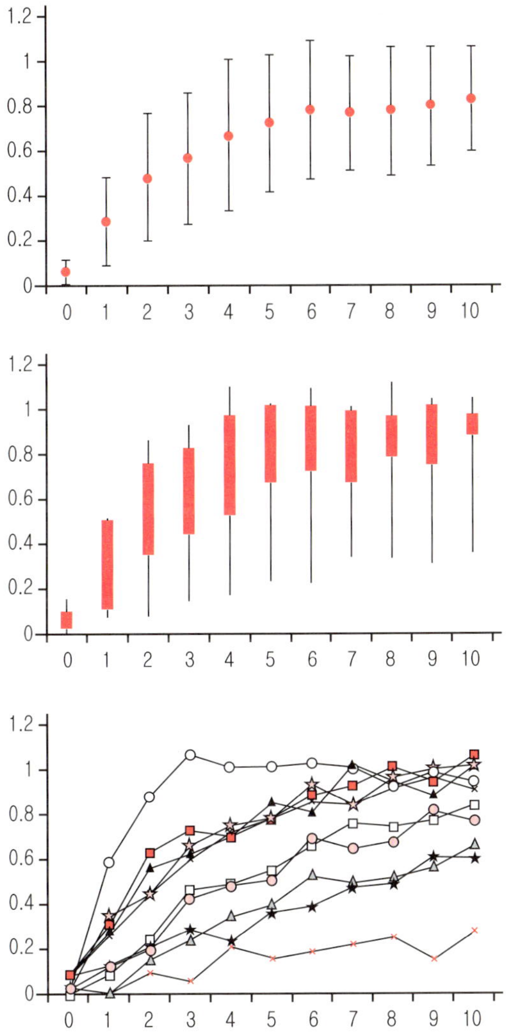

지 않다면 원래 측정하려고 했던 것이 무엇인지, 어떤 변형이 필요한가에 대해 생각하는 것이 굉장한 두통거리가 될 것이다.

7.2 적절한 통계학

자료를 수집하는데 걸렸던 시간만큼 분석하는데도 시간이 필요하다. 분석이 빨리 끝나길 바라면서도 또 한편으로는 시간이 지체될까 두려울 것이다. 분석은 단순히 통계학적인 계산을 의미하지 않는다. 맨 처음에는 산술 평균(arithmetic mean) (혹은 단순 평균, simple average)을 얻고 싶어 한다. 그러나 여기에도 함정이 있다. 물리학과 수학에서 사용되는 평균 영역 가설(mean field theory)에 의하면 평균이라는 것은 자료가 같은 영역이나 같은 모집단에서 나왔다는 가정에서 출발한다. 그러나 변이성(여기서는 생물학적 모집단)은 자료들이 같은 영역에서 나오지 않았을 수도 있다는 가정에 기초한다. 예를 들어, 양배추는 빠르게 혹은 느리게 성장하는 야채이며 생쥐는 CBA나 C57일 수도 있다. 항상 유념해야 할 것은 평균 영역 가설을 적용할 때 '평균 인간' 은 정소 한쪽, 난소 한쪽, 유방 한쪽, 성기 반쪽을 가진 개체라는 것이다. 범주를 아우르는 평균은 아무 의미가 없으며 심지어 변이성의 의미를 숨기기도 한다. 이러한 경우 인간은 두 가지 형태로 반응한다.

7.3 측정 '오류' 를 보여주는 두 가지 방법

요즘 저널에서는 모든 숫자들을 변이 추정치와 함께 발표하도록 한다. '정직한' 측정치는 어떤 정확함은 가짜라고 밝히기도 하지만 정직함의 역할은 거기까지다. 측정이 정확했다고 해서 그것이 의미하는 바가 무엇인지 알 수는 없다. 극소수의 사람들만이 표준편차 0.042를 보고 그 의미를 직관적으로 알아낼 수 있다.

항렬 {0, 0, 0, 1, 1, 1}과 {0.43, 0.51, 0.57, 0.52, 0.48, 0.49}의 평균은 같지만 서로 다른 형태의 자료이다. 각각 평균(mean)이 0.5이고 표준편차가 0.042이지만 이를 통해 자료전체를 평가할 수는 없다. 연속된 측정치들의 분포와 의미를 평균±표준편차로 알아내는 것은 불가능하다. 두 사람이 같은 자료를 보고 있다 하더라도 판단은 서로 다를 수 있다. 그러나 어떤 통계방법을 사용하느냐, 또는 어떤 제시방법을 선택하느냐에 따라 서로 다른 판단을 내리지 않도록 막을 수는 있다.

가장 잘 알려진 방법으로는 신뢰구간(confidence interval)이 있다. 같은 표본추출법이나 측정법을 반복하면 95%의 신뢰구간은 실제(진실된) 모집단 값을 포함하게 된다. 위 문단에 나온 자료들을 표본이라고 본다면 두번째 자료의 95%의 신뢰구간은 0.47~0.53이다. 이는 모집단의 모평균이 구간 내에 속할 확률이 0.95라는 것이며 표준편차나 표준오차보다도 명확한 해석이 가능하다. 사실 신뢰구간을 포함시키지 않을 이유는 없다. 실제로 좀 더 나은 정보를 제시하고자 한다면 이를 변환하여 신뢰구간화 하면 된다. 그러나 단지 독자들에게 자료의 변이성에 대한 정보를 주고 싶다면 전체 자료 혹은 범위, 백분위 등을 보여주는 것이 더 좋다. Box 7.2에 신뢰구간에 대한 설명이 나와 있다.

위 문단 첫번째 자료의 95% 신뢰구간은 0.1~0.9이다. 이 경우 평균과 신뢰구간은 자료의 형태에 따라 다르다. 만일 자료의 형태가 있음/없음(예: 1은 일정한 장소에 하나의 종이 존재한다는 걸 의미한다면 0은 그것이 없다는 걸 의미)이라면 평균과 신뢰구간은 빈도 측정이라는 의미를 가지게 된다[5]. 그러므로 평균은 종의 50%를 뜻하며 신뢰구간이라 함은 이를 10%에서 90%로 확장하는 것이다. 그러나 이산형(binary) 자료가 빈도를 의미하는 것이 아니라면, 평균과 변이성의 측정은 별 의미가 없다. 이런 식으로 뭉쳐진 자료를 이해하기는 매우 어려우므로 이에 대해 유념할 필요가 있다. Bayesian 예를 참고 하시오(8장 2절, 99페이지).

7.4 변환과 크기 조정

대부분의 경우, 실험을 통해 얻은 수치들이 발표나 분석을 위해 필요한 것은 아니다. 대개 발표나 비교, 이해를 위해 자료에 간단한 가공과정을 거치게 된다.

[5] 자료값이 0 혹은 1 밖에 없다고 해도.

Box 7.2

표본 통계의 특성

모집단에서 '대규모' 표본을 취해서 평균을 구하면 이 표본은 정규분포형태를 띤다. 이는 모집단과 상관없이 항상 일정하다. 모든 모집단, 표본(충분히 크기만 하다면), 평균은 정규 분포한다. 이건 신이 있다고 믿는 것과 같은 이치이다.

아래에 있는 그래프를 보면 500개(각각 크기가 20)의 표본평균이 빈도분포형태로 나와 있다. 표본평균의 평균(계산해보자)은 9.75이다. 이들은 정규분포형태를 띠고 있으며 실제로도 그렇다. 정규분포의 표준편차는 표준오차(SE)이며 이는 모집단(절대 알 수 없다)의 표준편차를 루트화한 후 표본수(여기서는 $\sqrt{20}$)로 나눈 값이다. 이렇게 하면 표본평균의 변이성이 표본수가 커짐에 따라 줄어들게 된다. 표본 10,000명의 평균무게는 100명 표본의 평균보다 전체 인구의 무게평균치에 좀 더 가깝다고 할 수 있다.

표본평균의 분포는 정규분포형태를 띠기 때문에 이를 표준정규분포로 변형시킬 수 있다(Box 6.3 참조). 표본평균들의 분포에 관해서는 다음과 같이 서술할 수 있다. 표본평균의 50%는 모집단 평균보다 낮고, 표본평균의 95%는 모평균의 구간(−1.96*SE, 1.96*SE) 사이에 속한다. 달리 말하면, 신뢰구간 내 95%의 표본평균에 진짜(알려지지 않은) 모평균이 있다.

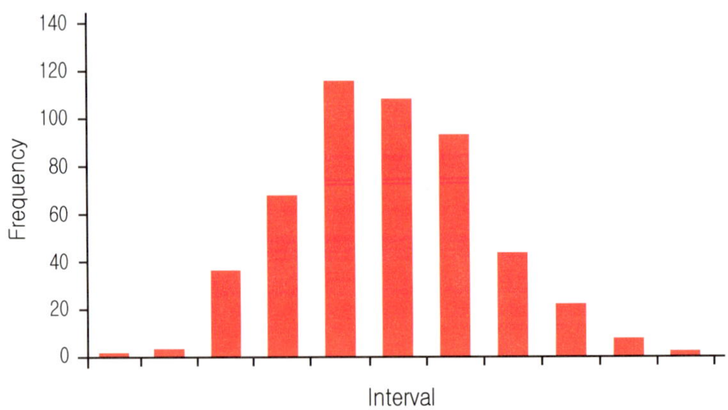

흔히 자료를 로그화하거나 1,000으로 나눠 선으로 이어진 그래프로 보여주곤 한다. 관찰자가 보고자 하는 자료 형태는 치사율이라는 백분율이며 이를 위해서는 죽은 세포의 수를 전체 수로 나누어 백분율화해야 한다. 이런 식의 변형은 누구나 쉽게 할 수 있으며 변이성을 조절하는 아주 합리적인 방법이다.

자료를 표준화하는 이유는 Box 6.3에 나와 있으며 이를 통해 서로 다른 자료를 비교할 수 있다. 예를 들어 CB 생쥐가 생리적인 측면에서 C57 쥐보다 변이가 작을 수 있으나 자료의 표준화를 통해 이러한 요소들을 표준화하면 비교가 가능하다. 일반적으로 IQ 테스트는 서로 다른(표준 편차) 결과들을 보여주기 때문에 측정치들을 비교하기 위해서는 변환할 필요가 있다. 예를 들어, Stanford－Binet 테스트에서 148점을 받은 사람은 평균에서 2 SD 위치(모집단의 상위 2%)에 놓이기 때문에 Cattel 테스트에서 152점을 받은 것과 같다.

그러나, 자료의 분석적인 측면에서 보면 변환이나 크기조정에 대해 조심스럽게 접근해야 한다. 특히 변환의 경우 분석에 필요한 요건을 충족시켜야 한다. 대부분의 경우 분석(예: 평균의 신뢰구간 계산)시 정규분포를 가정하기 때문에 수집한 자료가 표준정규분포형태가 되도록 변환해야 한다. 일반적으로 생물학자들의 경우 표준 오차나 신뢰구간을 부적절하게 계산하는 경우가 많다. 특히 논리적 한계선을 넘는 수치가 나왔다면 이는 계산이 부적절했다는 것을 의미한다. 예를 들면 치사율이 97%±4%, 배양판당 세포의 수가 3±5인 경우로 신뢰구간 내에 불가능한 숫자(100을 넘거나 0보다 적은 수)가 포함되었다. 이를 적절하게 표현하기 위해 변형을 가한 후 얻어진 결과를 다시 원 자료형태로 바꾼다. Box 7.3에 이러한 변형에 대해 자세하게 서술되어 있으며 자료를 로그화한 예도 제시되어 있다.

대부분 학생들(특히 예전 학생들)은 자료를 변형시켜 단위를 조정하는 것에 익숙하지 못하다. 마치 옳다고 생각되는 답을 얻기 위해 원래 자료에 루트를 씌우는 것처럼 느껴지는 경우도 있다. 환전을 생각해보자. 일본 상점에서는 오로지 엔화만 받기 때문에 일본에서는 엔화가 있어야만 물건을 살 수 있다. 언제든지 원하면 다시 자신의 통화로 바꿀 수도 있다. 이와 같이 자료를 통해 원하는 결과

Box 7.3

크기조정과 자료의 변환

치면세균막을 세서 다음과 같은 자료를 얻었다고 가정해보자: 0, 0, 0, 0, 0, 0, 0, 1, 1, 2, 2, 3, 4, 4, 6, 8, 9, 11, 15, 80. 80쯤에서 갑자기 세는데 어려움을 느끼고 다시 확인하려 하거나 심지어는 다시 세야만 할 수도 있다.

'이상값(outlier)'이 생기는 경우 이를 버리고 싶은 욕망이 생긴다. 그러나 '변종' 자료를 무시하기 위해서는 상당한 주의가 요구된다. 변이성의 경우 반드시 설명이 필요한 부분이 있을 수 있다. 백조의 색에 관한 자료를 수집한 후 '검정이 아닌' 자료를 이상값이라고 간주하여 폐기한 후 모든 백조가 까맣다고 말할 수는 없다.

위 자료의 평균은 7.3, 표준편차는 17.64, 표준오차는 3.94이다. 평균의 신뢰구간은 −0.43에서 15.03이다. 여기서 문제가 되는 것은 전체 표본 이론과 상당한 차이가 있다는 것이다. 숫자를 세는데 있어 평균값이 음이 될 수는 없다. 그러나 이론에 의하면 모든 측정치는 음이나 양의 값을 가질 수 있다(Box 6.3). 만약 그렇지 않다면 그건 0이나 양의 값을 가지는 수만 취했기 때문이다. 이것이 바로 이론과 실제의 차이이다. 표본 추출(예: 어떤 통계학이든 이용해서)을 한다면 측정치가 음의 무한대와 양의 무한대 사이 어디에도 위치할 수 있음을 알아야 한다.

측정한 값이 이론에 부합되도록 자료를 변환해야 한다. 숫자를 세는 경우 적절한 변형법은 이를 로그화하는 것이다. 모집단 크기의 상대적 변화와 연관되었고 로그화했을 경우 10에서 20 사이의 간격과 100에서 200 사이의 간격이 결국 같아지기 때문이다(모두 2를 곱하면 된다). 작은 숫자를 크게 증폭시키고 큰 숫자를 축소시키는 효과가 있어 아주 작은 양의 수가 큰 음의 로그수가 되어 필요한 영역에서 의미를 지니도록 한다.

위의 자료로 돌아가면 0을 로그화하는 것은 불가능하다. 그러므로 자료를 다시 조정하여 각각의 값에 1(더한 만큼 나중에 다시 뺄 것이기 때문에 다른 수라도 상관없다)을 더하자. 그 후에 로그화(기수는 10)하면 새로운 변형 자료가 얻어지며 이 경우 평균이 0.527, 표준편차가 0.524, 표준오차가 0.118이다. 95%의 확률로 (log(x+1)의) 진짜 모평균이 속할신뢰구간은 0.759부터 0.296 사이가 된다. 여기서 다시 로그를 풀어 1을 빼서 모평균치를 구하면 2.37(95% CI 0.98−4.74)이 된다. 여기서 유념해야 할 것은 우리가 구한 것은 기하평균이지 산술평균이 아니라는 것이다. 양으로 왜곡된 자료(예 : Box 6.2)일 경우 가운데 값으로 기하평균을 구하는 게 더 유리하며 이는 최고치에 덜 민감하기 때문이다.

를 얻으려면 합리적인 형태로 자료를 바꿔 단순 표본 이론에 적용할 수 있어야 한다. 언제든지 원하면 다시 되돌릴 수 있다는 점을 명심하자. Box 7.4에는 여러 가지 다양한 변환 형태가 나와 있다. 이는 원래의 자료가 평균±표준편차를 나타낼 수 없는데 변형을 통해 이를 확보하는 것과는 완전히 다른 얘기다. 변환한다고 해서 자료가 가진 정보를 잃는 건 아니다. 단지 자료를 변형하는 것일 뿐이다[6].

Box 7.4

자료의 변환

어떤 경우든 정해진 통계법은 없다. 이는 판단과 상식의 문제이다. 통계학이라는 것은 수학에 속하지 않는 진짜 자료에 대입하는 것으로, 특정 경우에 맞는 특정 방정식이 있는 건 아니다. 통계를 이치에 맞으면서 정당하게 활용하려면 전체 과정을 이해하고 있어야 한다.

서로 다른 자료에는 서로 다른 변형을 적용해야 한다. 아래 표에는 몇몇 유용한 일반 변형의 예가 나와 있다. 로그와 로짓을 적절히 이용하면 어떤 자료도 완전한(무한대) 형태로 만들 수 있다.

원자료에 변형을 가하는 이유는 사용에 제한이 있어서 뿐이 아니다. 예를 들어 회귀분석의 경우 변수는 선형적 관계를 전제로 하기 때문에 하나(혹은 그 이상)의 변수가 선형이 되도록 변형시켜야 한다. 많은 통계 테스트가 변이에 대해 다음의 가정을 전제로 하고 있는데 특히(추정 평균뿐 아니라) 자료 자체가 정규 분포하거나 두 집단 간의 표준 편차가 같다는 것이다. 다시 말하면 자료를 변형시킨다고 이와 같은 가정이 틀려지는 것은 아니다.

변형	공식	비고
일반	y=x	전체 자료가 다 포함되어 있다.
로그화	y=log(x)	0이나 가능 범위를 벗어나는 자료는 전환한다. 양의 왜곡은 제거
로짓(로지스틱)	$y=\log\left[\frac{x}{1-x}\right]$	비율을 수로 전환; 로짓 전환된 자료를 회귀분석하면 로짓 회귀분석
부가	y=x+a	a는 하나의 숫자로 음이 될 수도 있으며, 빼면 동등한 효과
곱하기	y=ax	a는 하나의 숫자로, 나누면 동등한 효과

6) 여기는 환전 수수료도 없다!

7.5 생물학적 체계와 변이성

변이성은 생물학에 있어 당연한 성질 중의 하나이다. 실제로 모든 존재는 다르다. 대부분의 생물학은 다양성에 대한 연구라 해도 과언이 아니다. 하나의 접합체(zygote)에서 어떻게 서로 다른 조직이 발생하는가, 식물이 외부 스트레스에 어떻게 서로 다르게 대항하는가 등이 그 예가 될 수 있다. 심지어 하나의 종에서 파생된 생물체도 서로 다르다. 수백만 세균의 연속적인 분석을 통해 얻어진 생화학적 지도일지라도 하나의 세균에 대해서조차 온전한 정보를 제공하진 못한다. 이는 물리학(모든 수소원자는 같다)보다 화학에 가까운 성질이다. 대부분의 사회과학에서는 모든 값에 평균이 있다는 가정은 성립되지 않는다. 따라서 수집된 자료의 대부분(혹은 모두)이 변이성을 띠게 된다.

그렇다면 평균에 관한 분석은 모두 끝난 것일까? 변이성에 관한 분석을 더 해야 하지 않을까? 분산분석(ANOVA)은 사실 평균들 간의 차이에 관한 분석이다[7]. 평균치 분석은 변이성에 대한 통계적, 역사적인 관점에서 출발한다. 변이성은 원래 화학과 특히 물리에서 오류(혹은 오차, error)로 간주되었으며 비로소 통계학자에 의해 '진정한' 과학으로 인정받게 되었다. 회귀모형에서는 모든 변이 '오차'를 '표준오차'라 명함으로써 이를 더욱 분명히 했다. 회귀분석의 기본 전제는 사물을 정확히 측정한다면 측정치들은 일직선으로 분포한다는 것이다. 만일 그렇지 않다면 이는 측정자의 잘못이 된다. 사물을 잘못 측정했거나 혹은 잘못된 사물을 선택한 경우가 이에 속한다. 화학이나 물리에서는 이런 경우가 허다하지만 생물학은 그렇지 않다.

생물학적 변이성은 꼭 필요한 부분으로 조사체계에 포함하여 명확히 검사해야 한다. Box 7.5에 나온 대학생들의 측정치를 보면 대개 실험의 최종 결과가 변이성의 변화 형태를 구하는 것이다. 선형함수(Q_{10}: 온도에 의해 생물학적 기능이 증가하는 정도 기울기)를 구하라고 지시했지만 평균치만을 구한 학생들은 높은

[7] ANOVA의 기본 원리는 서로 다른 집단의 서로 다른 평균을 포함하는 것이 자료 내의 전체 변이를 줄일 수 있는가를 확인하는 것이다.

Box 7.5

베타 알 발생과정

1969년부터 1985년까지 버밍험 대학 생물학과 발생학을 연구하는 학생들은 교배한 짝에서 얻은 샴 투어(Siamese fighting fish, Betta splendens)의 수정란을 수집하는 과제를 부여받았다. 각각의 짝은 30번의 교배를 2분 간격으로 진행하였고 매번 2~40개의 수정란을 방출하였다. 이 과제에서 어려운 점은 수컷이 정액을 방출하기 전에 긴 유리관 피펫으로 이들을 수집해야 하는 것이었다! 학생들은 서로 다른 온도에서 2개의 세포에서 4개의 세포로 분열하는데 걸리는 시간을 측정하였다(학생들은 20~40℃ 사이 두 개의 특정온도를 선택하였고, 샴 투어는 25℃에서 보관되었으며 27~30℃에서 사육되었다). 학생들에게 혼동을 주기 위해 Q_{10} 즉 온도가 10℃ 증가하였을 때 세포분화 증가속도 비율을 찾도록 하는 과제가 주어졌다.

15명의 학생들이 아래의 도표와 같은 전형적인 결과들을 발표하였다.

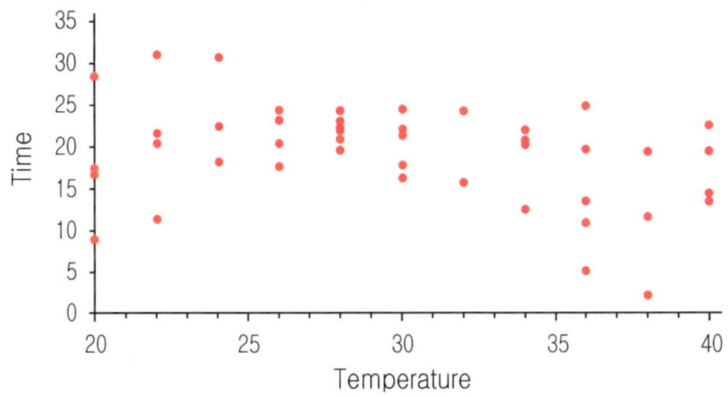

자료를 통해 얻을 수 있는 결론은? 일부 학생들은 매우 불규칙한 온도의 평균을 구하여 하나의 선을 만들었다.

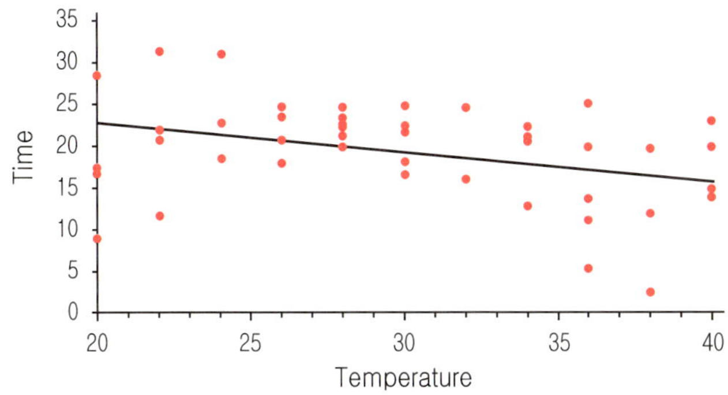

소수의 숫자로(아마도 회귀분석을 이용하여 손쉽게 구했을, 육안으로 보이는) 일직선을 만들었으며 이를 통해 Q_{10}의 기울기를 구하였다. 하지만 훌륭한 학생은 변이 자체가 가장 흥미로운 결과라는 것을 알아냈다. 25~30℃ 사이에서 수정란은 모두 유사한 행동양식을 보였으며 이것이 환경변화에 제대로 된 완충작용을 하였다. 이들은 극단의 치명적인 온도에서 매우 변화무쌍한 형태를 보였다. 따라서 '답'은 변이성(_/)을 그려내는 것과 canalisation(환경변화에 대응한 완충작용)에 대해 고민하는 것이었다.

성적을 받을 수 없었다. 일례로 돼지에 기생하는 회충인 Ascaris suum(10장 참조)의 경우 평균의 변화가 아니라 자료의 변이 자체가 유용한 해답이 된다.

만일 변이가 단지 오류일 뿐이라는 논리를 따르게 되면, 실험계획은 이런 오류를 최소한으로 줄이려 할 것이며 결과적으로 아무도 오류를 원치 않는 상태가 된다(왜냐하면 오류라는 것은 '당신의 잘못'이기 때문에). 하지만 이는 시간과 돈을 낭비하는 어리석은 일이다. 변이라는 것이 '실제' 화학이나 물리체계 내에서도 항상 존재한다는 것을 명심해야 한다. 실제로 어떤 실험의 경우 변이성을 인정하지 않고는 실험을 계획할 수 없다. 예를 들어, 실험기간동안 면역세포 같은 개별 존재가 생성되어 사망하기까지를 관찰하는 실험에서 시간에 따라 죽음으로 이르는 세포수의 변이도 매우 다양하며, 이들의 수명도 매우 다양하다.

따라서 생물학적으로 사고함에 있어 변이성을 항상 고려하는 것이 중요하다. 결과의 변이성과 실험결과의 범위 사이에는 본질적인 관계가 존재함을 유념하라. 보려고 하는 결과는 평균이 아니라 측정치의 변이성이다. 평균의 변화보다 변이성의 변화가 좀 더 많은 정보를 준다. 인이라는 성분은 양배추가 크게 성장하도록 하지만 이것이 양배추 자체의 변이성에 관한 요인은 아니지 않은가?

몇몇 정치인들조차 지구 온난화(대기 중 이산화탄소의 증가가 원인)의 주된 효과가 날씨의 급격한 변화와 밀접한 연관이 있다고 알고 있다. 홍수, 가뭄, 열기, 서리, 폭우 등이 빈번해지고 심각해졌지만 평균온도변화는 그다지 크지 않다. 따라서 우리는 측정하기 어려운 평균온도의 증가가 아니라 극단적인 기후변화가 자주 일어나고 있다는 사실에 주목해야 한다.

7.6 가설 검증

신뢰구간을 통해 정보를 얻는 이유는 뭘까? 신뢰구간은 측정의 불확실성을 측정하는 것이기도 하지만 이미 만들어진 가설을 검증하는 것이기도 하다. 엘라(Ella)가 신뢰구간을 발표했지만 오스카(Oscar)가 신뢰구간을 넘어서는 결과를 냈다는 건 무슨 의미일까? 나타샤(Natasha)가 하나의 사물을 100번 측정했다면 그녀가 측정한 결과 중 5(혹은 5%)는 엘라가 구한 신뢰구간 밖에, 95(혹은 95%)는 신뢰구간 내에 존재할 것이다. 그러나 오스카가 나타샤와 다른 사물을 측정했다면 결과 또한 다를 것이다. 실제로 오스카는 엘라가 구한 신뢰구간 밖의 결과를 얻을 수도 있으며 그런 경우 새로운 이론이 탄생했다고 생각해 저널의 편집장에게 이를 몹시도 알리고 싶어 할 것이다.

이와 같이 정확한 측정과 가설의 검증 사이에 뚜렷한 구분은 없다. 실험에서 발생할 수 있는 변이의 양을 (신뢰구간으로) 설정함으로써 측정결과가 한계를 벗어났을 때 이를 다른 체계에서 생산된 결과물이라고 말할 수 있다. '직선의 기울기는 0보다 큰가?' 라는 질문은 '측정치 기울기의 신뢰구간이 0을 포함하는가' 와 같다. 다른 말로 하면 치료법 A가 X에 효과를 보인다는 가설에 대해 A의 X에 대한 효과를 측정하거나, 측정할 때 예상되는 변이를 추정함으로써 그 해답을 얻을 수 있다.

전통적으로 실험자는 귀무가설(null hypothesis)을 세운 후 이것이 실험에 의해 기각되도록 한다. 그러나 사실 귀무가설이 거의 모든 자료는 정규분포한다는 가정을 내포하고 있다는 걸 깨닫는 사람은 매우 드물다. 귀무가설을 기각한다는 것은 분포(distribution)에 대한 가정을 기각하는 것과 같다. 귀무가설이 틀렸다는 걸 밝혀내는 생물학과 달리 여기서는 귀무가설이 사실이라면 결과의 분포가 정규분포가 아니라는 걸 의미하기도 한다. 실제로 인간 정자의 양이 줄어들었는지에 대한 중요한 논의과정을 참고(8장)하기 바란다.

실험 설계 및 자료 분석에 전통적인 가설 검증방식이 이용되고 있지만 조사자는 이에 현혹되지 않도록 주의해야 한다. 우리가 일반적으로 권장하는 방식은

'**귀무가설** = H_0: 인은 양배추 성장에 영향을 미치지 않는다' 가

'**대립가설** = H_A: 인은 양배추 성장에 영향을 미친다' 로 입증되는 것이다.

일반적으로, 당신은 위와 같이 하나가 다른 하나에 논리적으로 반대되는 한 쌍

의 가설을 만들어 이들 중 하나를 기각하게 된다. 이는 널뛰기 모형[8]으로 '왼쪽이 올라가면 오른쪽이 내려가는' 방식이다. 두 집단 즉 대조군과 실험군을 통해 실험을 한 후 귀무가설이 기각될 수 있는지 여부를 확인한다. 예를 들어 대조군과 실험군 사이에 통계학적 차이가 분명하다면 귀무가설을 기각하여 '인은 양배추 성장에 영향을 미치지 않는다' 는 가설을 부인하게 된다.

그러나 사실 귀무가설과 이의 대립가설은 널뛰기 모형의 양 끝이 아니다. 귀무가설을 기각했다고 해서 대립가설이 옳다고 입증되는 것은 아니다.

특히 귀무가설을 기각하는데 실패했다고 해서 귀무가설이 사실이 되는 것은 아니다. 설사 실험을 통해 인이 양배추의 성장에 영향을 미치지 않는다는 결론이 내려졌다 하더라도 실제로 이는 사실이 아니다. 따라서 '인은 양배추 성장에 영향을 미치지 않는다' 와 '인이 양배추의 성장에 영향을 미치는지 알 수 없다' 를 구분할 수 있어야 한다. 만일 귀무가설이 정말로 진실이라면 이를 입증할 만한 자료를 얻을 가능성이 정말로 높아진다. 그러나 자료를 제대로 얻었다고 해서 가설을 증명할 수 있는 것도 아니다. 이러한 자료를 얻는데 매우 다양한 여러 가지 상호기전이 존재할 수 있기 때문이다. 귀무가설을 기각할 수 없다고 해서 귀무가설이 사실이라는 아주 강력한 증거를 제시할 수 있는 것은 아니다. 귀무가설 기각에 실패했다고 해서 실험군과 대조군 사이에 차이가 없다고 결론지을 수는 없으며 다만 실험과 분석을 통해 차이가 나타나지 않았다고 말할 수 있다. 따라서 실험을 계획할 때 머리를 많이 써야 한다(다음 장 참조). 이런 널뛰기식의 가정은 가설(hypothesis) H와 자료(data) D가 서로 반대되는 양쪽 끝에 위치하여 하나가 올라가면 다른 하나가 내려가는 경우에 해당된다! 경험에 의하면 자료를 설명하기 위한 명제들은 서로 보완적인 것이다. 둘 다 진실이 될 수 있으며 이는 국제공항에 있는 문구와 같다. 'Objets Trouvés[9]—분실물'

[8] 일부에서는 이것을 '아리스토텔레스적 논리' 혹은 '이분법적 논리' 라고 한다: A에 대한 증거는 A가 아니라는 증거에 대한 부정과 같다. 그 외에도 중간적 대답('때때로' 혹은 '46%의 경우')이나 'fuzzy' 이론 등과 같은 유용한 대안들도 있다. 아리스토텔레스적 대안을 내포한 '투과도' 개념에 대해서 유념할 것.

[9] (프랑스어) 글자 그대로는: 습득물(역자 주: 분실하는 주체와 습득하는 타자는 다르지만 결국 물건을 잃어버린다는 것에서는 같은 의미를 지닌다)

이러한 반대/보완적인 것에 대해 다른 면도 살펴보자.

목을 맨 사람(H)이 죽을(D) 확률, p(D/H)는 얼마일까? 이는 분명히 0.97이거나 이보다 높을 것이다. 이제 질문을 거꾸로 해보면 죽은 사람(D) 중에 목을 맨 사람일 확률 즉 p(H/D)는 얼마일까?

이 경우 확률이 극히 낮아 0.01이거나 이보다 낮을 것이다. 첫 번째 수치(0.97)를 두 번째 수치(0.01)로 바꾸는 실수를 할 사람은 없을 것이다. 이는 0.97을 죽은 사람 중에 목을 맨 사람일 확률이라 생각하는 것과 같다. 일어나지 않을 실수 같지만 통계학적 유의성 검정에 대한 해석에서 이런 실수가 생기기도 한다. 유사하게, p(H/D) 측정치를 해석하는데 마치 이 수치들이 매우 다른 수치[10]인 p(D/H)라고 해석하곤 한다.

7.7 실험 후 통계

가장 보편적으로 쓰이는 것이 실험 후 통계로 이를 통해 실험에서 얻은 결과를 검증하게 된다. 실험자인 당신은 이미 95% 유의성이 중요한 요소라는 걸 알고 있다. 사전 지식(예를 들어 귀무가설이 양측 검증으로 평균이 서로 다른 경우)이 없는 당신은 결과의 유의한 차이가 있길 원하며, 이 차이는 거의 확실하긴 하지만 단정할 수는 없는 상황이다. 이 경우 편측 검증(귀무가설이 한 평균이 다른 평균보다 높거나 낮은 경우)을 택하면 원하는 결과를 얻을 수도 있다. 이것이 다수의 대학원생들이 편측 검증이 옳다고 말하는 이유이기도 하다. 따라서 맹검법을 시행하지 않았거나, 자료를 무작위가 아니라 선택적으로 추출한 경우 뿐 아니라 통계 검증법을 선택적으로 사용한 경우에도 편향이 발생된다.

이와 같은 이유로 지나치게 통계학적 검증법에 기댄 결과들–당신 스스로가 자료나 생물학적 논의과정 자체를 확신할 수 없는 경우–은 경계심을 가지고 살펴

[10] Carver, R.P. (1978) The case against statistical testing: *Harvard Educ. Rev.* 48, 378–399. 이 자료는 인디아나 대학에 있는 David F. Parkhurst에 의해 만들어진 웹사이트에서 구한 것이다.–www.indiana.edu/~stigtsts/. 이는 크기 측정에 대한 유의성 검증에 대한 무분별한 강조를 개탄하는 자료 중 하나이다.

봐야 한다. 통계학적 유의성 검증이 간단한 분석(대개 도표 검사)이나 효과의 크기 측정(신뢰구간 추정)을 대체할 수는 없다. 결국 유의성은 통계적이라기보다 과학적이어야 한다. 통계학이 실험결과를 대변하는 것은 아니다.

7.8 가설 검증 결과의 정직성

실험을 통해 결과를 얻었고—특히 분포와 변이성에 많은 신경을 기울일 것—, 적합한 통계 수치(평균, 표준편차 등)를 계산하였고, 신뢰구간을 구했으며 최종적으로 실험의 목표인 가설을 검증하였다. 오후에 동료들과의 토론을 위해 그림도 준비하였다. 이 때 갑자기 '만일 학과장이 '결과를 정말로 확신하십니까?' 라고 물으면 뭐라고 답해야 하지?' 라는 생각이 들 수도 있다.

아마 제I종 오류(가설이 기각되었으나 사실 가설은 진실이거나 유효한 것이었다)와 제II종 오류(가설이 인정되었지만 사실 가설은 부적절하였다)에 대해서 들어본 적이 있을 것이다. 항상 그렇듯이 이를 판단하는 것은 쉽지 않다. 왜냐면 몇 번의 실험으로 '진실' 을 얻기는 쉽지 않기 때문이다. 따라서 결론은 'A가 X의 원인이라는 걸 부정하는데 성공하지 못했기 때문에 이에 관한 대안을 만들었으나 이것이 A가 X의 원인이 된다는 걸 증명할 수 있는 것은 아니다' 라는 형태가 되어야 한다.

제I종 오류와 제II종 오류는 진단에 있어 나타나는 위음성(false-negative), 위양성(false-positive)과 같은 원리이다. 양쪽 모두 경우에 따라 문제가 될 수 있다. 의학적인 측면에서 이러한 오류가 바람직해질 수 있는가 여부는 최종 결과에 따라 달라진다. 그러므로 양성 결과가 매우 불쾌하고 위험하며 비싼 치료방법이라면 위음성의 허용이 증가되어, 비용이 증가한다 하더라도 위양성 판결은 절대적으로 피하도록 해야 한다. 그러나 만약 위음성의 결과로 환자가 안전하고 피해도 없는 싼 치료법을 받을 기회를 박탈당한다면 위양성에 대한 비용(필요 없는 치료를 받은 사람)을 감안하더라도 위음성 판정은 피하도록 해야 한다.

역사적으로 과학은 위음성보다 위양성(실제로 그렇지 않지만 A가 X의 원인이 된다고 가정)을 심각한 오류로 보았기 때문에 가설검증과정에서 위양성이 위음성보다 편향적으로 적게 발생한다. 실험 계획과 95%의 신뢰구간을 이용하면 (진실인)귀무가설을 위조할 가능성보다 (거짓인)귀무가설을 사실이라고 판단할 가능성이 높아진다. 중요한 것은 이러한 오류가 모든 과학자들에게 언제든지 일어날 수 있다는 것이다. 제대로 과학을 하는 사람이라면 대개 실수(또는 오류)를 저지르게 된다. 실제로 오류가 없다면 이는 다양한 실험방법을 시도해보지 않았기 때문이다. 제I종 오류와 제II종 오류[11]를 항상 염두에 두고 적합한 용어를 사용해야 한다. 만약 이런 분류가 쉬웠다면 지금까지 모든 이들이 이런 오류에 빠지지 않고 결과를 도출해냈을 것이다.

7.9 실험 전 통계

실험을 마친 후 통계학자에게 도움을 요청하는 것은 검시관에게 사후 검사를 요청하는 것과 같다. 그는 단지 실험이 무엇으로 인해 실패했는지를 말해줄 수 있을 뿐이다[12].

실험 전에 반드시 고민해야 할 두 가지 서로 다른 통계가 있다. 하나는(과학자들이 안하고 있을까봐 우려가 되긴 하지만) 용인할 정도로 불확실성을 낮추려면 측정수가 얼마나 되어야 하는가이고, 다른 하나는 베이스식(Bayes) 사고방법으로 8.2단원에 자세히 나와 있다. 실험전 통계학자에게 물어야 할 첫 번째 질문의 예를 생각해보면 '두 집단에서 내가 보려고 하는 차이가 10%이고 이 변수에 대한 표준편차가 5%라면, 이 두 집단의 차이를 구분하는데 적합한 결과가 나오게 하기 위해서는 각각의 집단에 몇 마리의 생쥐가 필요한가?' 이다.

일을 시작하기 전에 예상되는 결과물을 평가하는 것이 낫다. '만약 100개의 복

[11] 이안 스튜어트(Ian Stewart)가 말하길 사실상 제 III종 오류가 있으며 이는 제I종 오류와 제II종 오류가 섞인 형태이다.

[12] Ronald A. Fisher, 인도 통계학회, Sankhya, ca. 1938.

제품으로 실험 X를 시행해 42개에서 하나의 답을 얻었다면 이것이 결과에 얼마만큼의 영향을 미칠 것인가?

실험 전에 통계를 돌리면 장점이 많다. 그 중 하나로 실험 후 분석은 알다시피 여러 가지로 불안한데 실험 전에 통계를 돌리면 이런 불안을 최소화할 수 있다. 실험 전 통계의 또 다른 장점은 실험자가 보려고 하는 결과물에 집중할 수 있다는 점이다. 실제로 이런 경우, 당신이 전체 체계를 이해하고 있기 때문에 매우 편안하다. 그러나 만약 그렇지 못하다면 어떤 일이 발생할 것인가? 그 이유는? 유사한 실험에서는 어떤 결과가 발생하겠는가?

실험을 시작하기 전에는 실험의 결과를 알 수 없기 때문에 실험 전 모형에서 여러 가지 방법을 시도해 볼 수가 있다. 실제로 결과가 불확실한 실험의 경우 시행 전에 실험에 대한 시도 자체를 포기할 수도 있다. 이는 매우 바람직한 현상으로, 그럴 때는 실험계획을 변경하면 된다. 당신이 하려는 실험의 문제점은 무엇인가? 때로 잡음 없는 신호(실험자가 보여주려는 효과)를 얻는 것이 불가능할 수도 있다. 결과–반전 실험처럼 기능을 고갈시키기보다 회복시키는 방법에 대해 생각해보자(9장 참조).

그러나 여기서 장애물과 마주치게 된다. 수에 익숙하지 못한 많은(대부분의) 학생들은 실험 전 통계를 어려워한다. 그러나 실험 전 가상의 결과를 통해 통계를 접할 시간이 조금이라도 있다면 나중에 실제로 결과를 얻었을 때 더 큰 기쁨을 얻을 수 있다. 엑셀의 기초나 유사 프로그램을 익히는데 적은 시간이라도 투자해 매학기 대학 내 IT 단과대에서 진행하는 강좌를 듣길 권한다. 이로 인해 당신은 자료에 대해 혹은 실험이 진행됐을 때 발생할 수 있는 문제점에 대해 생각하게 되고 결국 지도교수의 실험결과만 가지고 있는 학생들보다 강좌를 통해 더욱 많은 것을 얻게 될 것이다. 가상의 실험을 통해 자료를 만들어 분석을 시작하라. 실제 세상에 존재하는 많은 것들 즉, 차와 컴퓨터, 카펫이나 온실 등은 건축보다 설계에 더 많은 시간을 투자하고 있다. 당신의 실험 또한 이러해야 하지 않을까?

7.10 결론

실험결과의 통계학적 분석은 당신이 얼마만큼 불확실한지만을 말해줄 뿐이다. 만일 실험에 성공한다면 결과에 대해 더 확신할 수 있을 것이다. 만일 동료가 당신이 하고 있는 실험과 똑같은 실험에 대해 이야기 한다면 그녀가 어떤 결과를 말해주길 원하는가?

(당신이 모르는 것을 아는) 지식에서 오는 불확실성은 무지에서 오는 불확실성과 다르다[13].

실험설계를 통해 이분법적 결과를 도출해내도록 하는 것이 이번 장의 주요 목표이자 결과이다. 시니컬하게 말하면 —당신이 다른 이들을 설득하기 위해 통계학을 사용하려 한다면 이는 잘못된 실험 설계이다. 훌륭한 실험이란 정보를 얻어내기 위한 실험 후 통계보다 총괄적이고 설득력 있는 증거들을 만들 수 있는 실험 전 통계를 더 많이 이용하는 것이다. 이상적인 결과는 이분법으로 나타나지만, 이것이 훌륭한 실험 설계를 위한 필수조건은 아니다. 이분법적 결과가 아니라면 당신이 원하는 적합한 통계방법을 사용하면 된다.

[13] Asimov, F & SF 1994년 12월, 116쪽, Essay 400.

Chapter 8 측정치의 해석

Interpreting your measurements

8.1 해석은 책임을 동반한다.

과학자를 표현한 유명한 문구가 있는데, 그것은 '머리만 있고 심장은 없다!' 는 것이다. 합리성에 기반을 둔 지성인 과학자는 이런 선입견이 자신의 과학적 결론의 진실성에 영향을 미친다는 것을 인정할 수 없다. 이 문구는 과학자도 실수할 가능성이 있다고 말하고 있다. 진정한 과학자―노벨상을 받는 최고의 과학자―라면 자신의 연구에 감정적으로도 밀접하게 연관된다. 그리하여 실험결과 A가 X를 일으킨다고 나오길 바라며 그들이 말했던 전제들이 실수였다는 것이 판명되면 매우 가슴아파한다. ―이것 또한 과학자들에 의해 증명되었는데, 이는 과학자들이 본래 끊임없이 가장 확고한 신념에 대해 반증하려는 경향이 있기 때문이다. 1920년대 발간된 책 '과학자 되기' 와 '과거의 훌륭한 실험들' 은 이러한 실수에 대해 다루고 있는데, 과학은 이성적이며 전혀 감정적이지 않고, 정직하여 진실을 찾는 가장 성공적인 방법이라고 주장하고 있다. 우리도 다윈과 같은 지난 세기 최고의 과학자들이 감정적이지 않은 이성적 접근법으로 과학을 대했다고 알고 있다. 그러나 근래에 와서 이러한 믿음이 진실은 아니라는 것이 밝혀졌다. 실제로 출판된 다윈의 편지에 의하면 다윈조차도(물론 자신은 당연히 이성적이어야 한다고 생각했겠지만) 그렇지 않았다. 그들은 훨씬 공손했으며, 특히 윌리스의 경우 자연도태설을 제창하기보다 조심스럽게 사용해야 한다고 말했다. 그러나 둘 다 이에 대해 확신하게 되자 자연도태에 의한 생물의 진화를 앞서 주장하게 되었다.

초기의 실험 계획은 대부분 과학자 개인의 편견이나 특성을 극복할 수 있는 방법론을 개발하는 것에 초점이 맞춰져 있었다. 가설을 세우고 실험을 설계하는 것은 인간적인 면 즉 인간으로서의 오류를 없애는 과정이다. 아마 모두들 배웠겠지만 실험에 대한 서술은 서론(가설이 세워지는 과정), 방법, 결과, 고찰, 결론으로 이루어진다. 결과에 고찰을 넣거나 고찰에 결과를 서술하는 것은 매우 큰 잘못으로 여겨지고 있다. JC의 지도교수는 점과 선의 관계에서 도표에 있는 점은 결과이지만 선은 언제나 고찰이라고 말했다.

그러므로 여태껏 실험은 '흰 도화지' 였다. 이전 실험이 끝나는 곳에서 새로운 실험이 시작되지만 결과는 과거의 자료와 연관될 수 없으며 오로지 실험 계획 내에 존재해야 한다. 만일 새로운 실험을 과거자료와 연관시킬 경우 이는 부적절한 의견을 실험에 도입하는 것과 같다. 오로지 비인간적이고 객관적인 것만이 과학으로 인정받을 수 있다. 각각의 실험은 분리된 지식의 벽돌로 서로서로 어울릴 수는 있지만, 각기 이질적이거나 분리된 것이어야 한다.

1932년, 과학자가 편견 없이 실험에 임하는 것은 불가능하다는 포퍼(Popper)의 주장은 대혼란을 야기하였다. 가설을 세우고 검증방법을 설계하는 과정에서 과학자는 특정 분야에 치중된 문헌들을 읽게 되고 이런 과정을 통해 그는 자신만의 생각을 갖게 된다. 이러한 생각들은 반드시 그가 읽은 문헌들과 달라야 하며 그렇지 않을 경우(아주 안전한 실험을 하는 경우를 제외하고) 실험에 동기를 부여할 수 없다.

이러한 방법론은 지난 세기부터 차용되기 시작한 통계학적 접근법에 의해 지지를 받으며 시작되었다. 앞장에서 논의되었던 전통적인 가설 검증 접근법은 계획된 실험 범위 이외의 곳에서 얻어진 결과는 인정하지 않는다. 그러나, 사실 모든 실험은 해당 범위 이외의 곳에서 정보를 얻게 된다. – 당신은 수정되지 않은 양배추에 대한 사전 지식이 있기 때문에 양배추에 대한 인의 효과만을 실험할 수 있다. 전통적인(피셔리안 식, Fisherian) 라틴 방진형(9장) 무작위법이나 맹검법은 선입견에 의해 결과에 편향이 발생하는 것을 막기 위해서 개발되었다.

그러나 1764년(그가 죽은 지 3년 후) 토마스 베이스 목사님(Revd Thomas Bayes)은 해석의 본질은 관찰이라고 주장하였다. 그에 따르면 실험 전의 예상치가 실험시의 관찰치와 결합하여 수정된 혹은 실험 후 예상치를 도출해 낸다. 20세기를 통틀어 베이스의 철학은 '빈도' 를 바탕으로 한 응용 통계학과 평행선을 달렸다. 이 두 가지 접근법은 실험자가 사전 지식이 없다고 가정할 경우에만 같은 것이 된다.

사전지식이 모든 실험의 결과(특히 당신의 실험결과) 해석에 영향을 미칠 수 밖에 없다는 예로 다음 두 가지가 있다. 이 예들은 질병과 연관되어 있기 때문에 매우 변화무쌍하지만 여기에서의 교훈은 관찰과 실험 과학에 널리 적용가능하다.

8.2 베이스식 사고법

기거렌저(Gigerenzer)의 책 '적응적 사고방식' [1]에 나오는 두 가지 예를 인용하겠다. 이는 통계학이 얼마나 쉽게 오해될 수 있는지를 보여주는 예라 하겠다. 자, 책의 내용을 직접 살펴보자. 아무리 중요한 임상분야라 할지라도 상담자는 매우 잘못된 조언을 할 수도 있다. 이언 스튜어트(Ian Stewart)의 책 도입부에 나와 있는 경쟁자와 염소의 예에서도 마찬가지이다. 당신이 틀렸어도 확신에 찼을 때는 기분이 좋을 것이다.

[1] Gigerenzer, G. (2002) *Adaptive Thinking: Rationality in the Real World*. Oxford University Press, New York.

첫 번째 예는 젊은 독일 남성들로 많은 연인을 만나거나 약을 주사한 것이 아님에도 공공의료기관 진단에서 후천성 면역결핍증(HIV) 양성반응을 보였다. 물론 그들은 충격을 받았고 검진 후 상담이 이어졌다. 상담자가 말하길 이 검진방법은 위양성 반응이 나올 확률이 매우 낮은 1/20,000 정도이며 따라서 99.99995%의 확률로 판단컨대 질병에 걸렸다고 말했다. 이후 이들 중 몇몇은 자살을 시도했으며 그 중 몇몇은 성공하기도 했다. 당시 이는 매우 심각한 사회문제였으며, 그럴수록 상담자는 잘못된 해석을 내놓았다.

중요한 자료로 또 다른 측정치가 있다. 이는 '발생률이 저조한 집단에서 실제로 얼마나 많은 수의 사람이 질병에 걸렸는가?' 로써 약 1/20,000이다. 이는 위양성 검사 확률과 같은 확률이다. 따라서 질문은 상담자가 믿는 것처럼 '한스(Hans), 당신이 이번에 받은 검진이 어떻게 잘못됐겠어요?' 라는 식이 아니라 '한스, 자 지금부터 생각해봅시다. 당신은 질병에 걸린 1/20,000명 중의 하나인가요, 아니면 위양성 진단을 받은 1/20,000명 중의 하나인가요? 나라면 당신이 양쪽 모두 50%의 확률을 가졌다고 말하겠어요.' 가 되어야 한다. 이는 앞의 상담자가 말한 것과 매우 큰 차이를 불러오게 된다. 지저렌저는 자신의 젊은 동료들을 양성 HIV 검사를 했던 위의 상담자들에게 보냈고 조언을 구했다. 상담자 모두 그들의 감염이 '명백히 확실' 하다고 했다. 그리고 나서 지저렌저의 동료들은 '그렇다면 전체 인구 중 감염자는 몇 명이나 되죠?' 라고 물었고 '그게 당신의 경우와 무슨 연관이 있죠?' 라는 답변을 들어야 했다. 상담자 대부분이 자신의 평가결과가 틀릴 수도 있다는 것을 인지하지 못하고 있었다. 염소와 자동차 중 하나를 선택해 당첨될 확률(2장 3절 참조)은 변하지 않는다. 정말 그럴까? 또한 일차세계대전의 병사들(3장 4절 참조)이 더 부주의해서 머리부상을 많이 당했을까?

유방암에 관한 임상예가 있다. 한 여성이 가슴에 의심스러운 덩어리가 발견되어 의원을 방문했다. 생검을 했고 여자는 결과가 '양성' 이라는 진단을 받았다. 당연히 매우 걱정스러워 상담자를 찾았고 상담자는 '이렇게 발생된 덩어리에는 많은 종류가 있습니다. 낭종인 경우도 있고 이것이 유방에서 양성 혹은 악성 성장양태를 보이기도 합니다. 그러나 검진에서 위양성 결과(악성이라고 진단했는데 그렇지 않다고 판명된 경우)를 보이는 것은 20번의 생검시 한 번에 불과합니다. 따라서 당신이 유방암에 걸렸을 확률은 95%라 하겠습니다.' 이 또한 같은 이유로 틀렸다(우리가 이를 지저렌저의 또 다른 예라 하는 이유다). 우리는 얼마나 많은 수의 여성들이 의원에 가서 생검을 받아 악성으로 판정되는지를 알아야 한다. 이는 1%에도 못 미친다. 그러므로 음성 99% 중 많은 수의 위양성이 발생할 수 있으며 이는 약 5%(20명 중 1명)이다. 진짜로 병을 가진 1% 미만의 사람들은 사실 진단받은 사람들의 1/5보다 작을 수 있다. 상담자는 '우리는 당신이 질병이 없는 대다수의 사람들 중 위양성 반응을 보인 한명이거나 병에 걸린 소수의 사람들 중 하나일지 명확하게 말씀드릴 수 없습니다. 따라서 진양성일 확률이 1/5이라고 말씀드릴 수 있습니다.' 내가 질병에 걸릴 확률이 다른 사람들이 얼마나 그 질병에 걸렸는가와 연관되어 있다는 것이 매우 우습게 느껴질 수도 있다. 이게 이 검사법이 얼마나 정확한지 명확하게 보여주는 거라구? 그것이 당신의 인생이라면 이야기는 달라진다.

각각의 경우에서 선행지식은 이후의 기대치 즉 환자가 질병에 걸릴 확률에 매우 지대한 영향을 미친다. 따라서(상담자는 검진결과가 완전한 정보라고 생각하겠지만) 실험 결과 자체만으로 많은 정보를 얻을 수는 없다. 적합한 정황(context) 속에서 결과를 논의해야 한다. 역학에 대한 개념은 검진에 대한 '양성 예상치'라는 단어에 요약되어 있다. 검진에서의 양성 예상치와 모집단 내의 질병 빈도 간의 관계는 Box 8.1에 자세히 나와 있다. 물론 감염의 빈도가 전체 모집단에서 100%라면 이 검진법에는 추가의 양성 예상 값은 존재하지 않는다.

8.3 애매한 가정

때때로 상황이 매우 복잡하여 전제로 한 많은 가정들을 검증하지 못하는 경우가 있다. 이런 경우 중의 하나로 1930년과 1980년 사이에 인간의 정자수가 반으로 줄었다는 보고가 있었다. 칼슨(Carlsen)과 동료들의 저서[2)]에 있는 결론은 반박하기가 어려워 보인다. 과학 논문에 의하면 대조군 남성 정액 내의 평균 정자 농

[2)] Carlsen, E., Giwercman, A., Keiding, N. and Skakkebaek, N.E. (1992) Evidence for decreasing quality of semen during past 50 years. *Br. Med. J.* 305, 609–612.

Box 8.1

예상치

하나의 검사방법이 올바른 답을 줄 확률은 (예를 들어 진단에서의 민감도) P(T+/D+)로 표현할 수 있다. – 진짜로 감염된 개인(D+)이 검사에 양성(T+)반응을 보일 확률. 검사법의 예상치는 P(D+/T+)로 검사에 양성반응을 보인 사람들 중 질병에 걸린 사람의 확률. 오류는 이 두 가지가 같을 경우에 대한 값이다.

아래 그래프는 진성 빈도(예: 개인이 질병에 걸렸을 확률)와 예상치(예: 검사에 양성반응을 보인 사람들 중 질병에 걸렸을 확률) 사이의 관계를 보여주고 있다. 세 가지 민감도, 즉 99%, 90%, 80%(왼쪽부터 오른쪽 방향)에서 보이는 두 요소들간의 관계를 그래프화 하였다. 점선은 민감도 50%의 검사(예: 쓸모없는 검사)일 때이다.

분포는 대수형태를 띤다. 진짜 빈도가 0일 때, 예상치도 0이다. – 이는 검사결과에 상관없이 질병에 걸릴 확률이 0인 경우이다. 마찬가지로 빈도가 100%라면 모든 개인이 질병에 걸린다는 것을 예상할 수 있다. 질병의 빈도가 50%일 때만 검사법 민감도와 예상치가 같아진다.

같은 논리가 실험에도 적용된다. – '옳은' 결과일 확률이 있긴 하지만 실제와의 관계는 실제 상황 즉 '자연의 상태' 에 따라 다르다. 안전하고 예측 가능한 실험은 단순히 자연의 상태를 재설정해서 표현하는 것이기 때문에 언제나 제대로 작동한다. 일어날 것 같지 않은 실험은 매우 위험하여 아무리 잘한다고 하더라도 그 정확성을 예측하기가 어렵다.

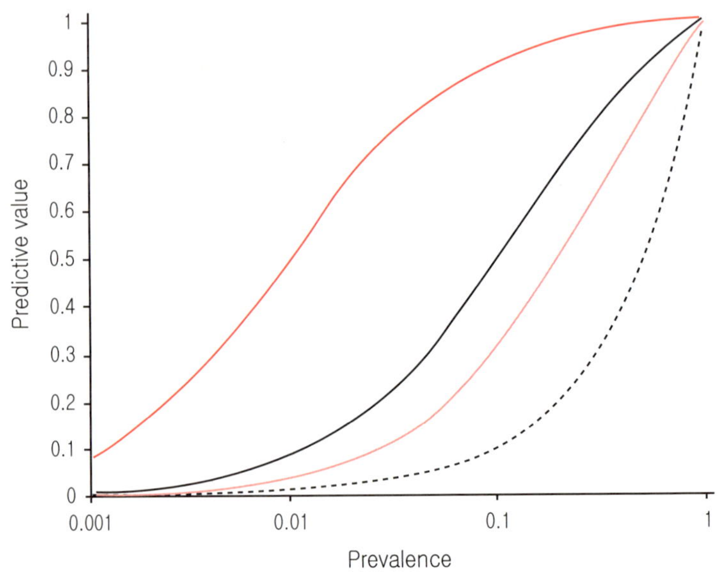

도가 1930년대 후반에 112×10^8개였다가 1980년대 후반에는 67×10^8개로 변했다. 언론은 이에 열광했고 생식능력이 줄어들고 있다고 외쳐댔으며(아무 증거가 없는데도) 많은 과학자들은 성호르몬 유사 화합물로 인한 환경 공해가 이런 현상을 낳았다고 주장했다. 이 논문의 도입부에서 저자는 세계보건기구(World Health Organisation; WHO)가 수년간 이에 지대한 관심을 보여 왔다고 말했다.

실제로 1967년, 세계보건기구는 '정상' 정자수를 ml당 6천만 개에서 2천만 개로 줄였다. 이런! 도대체 얼마나 없어진 것인가! 1967년 전에는 '대조군' 에 오직 6천만 개 이상의 남성들만 포함시켰는데 1967년 이후에는 '대조군' 으로 적합한 '정상' 을 2천만 개 이상인 남성까지 포함시켰다. 따라서 1967년 이후에 2천~6천만 개를 가진 사람들이 대조군에 새롭게 포함되었다. 그렇다면 이것이 평균 정자수의 감소를 일으켰을까? 남성(과 측정횟수)의 정자수가 정규 분포라면 이런 일은 있을 수 없다. 칼슨과 그의 동료들은 이 논문에서 남성의 정자수가 정규분포한다고 가정하고 있으며 평균치 이하의 집단을 빼거나 더하는 것은 도표의 왜곡도(skewness)를 변화시킬 수는 있지만 평균 자체를 변화시키지는 않을 것이라고 했다. 그렇다면 칼슨과 그의 동료들의 논문은 매우 옳고, 정직하면서도, 중요 내용을 담고 있는 것이다.

그러나 인간의 정자수는 정규분포형태를 띠지 않는다. 여러 남성에게서 얻은 표본이나 한 남성에게서 여러 번 얻은 표본들의 분포는 로그함수 형태에 가깝다(더하기나 빼기가 아니라 승수에 따라 변화하며 과도하게 산재되어 있다). 우리는 근처 불임 클리닉에서 생식능력에 문제가 없는 정자표본을 살펴보았다(예를 들어, 부인에게 문제가 있거나 정자 증여자이거나)[3]. 이들은 정규 분포하지 않았으며 이들의 로그－평균값이 6천만이었다! 따라서 2천~6천만 사이에 분포하는 집단없이(1967년 세계보건기구가 목표치를 수정하기 전처럼) 도표화했더니 ml당 평균이 1억 천4백만이었다(칼슨과 동료들의 경우 1억 천2백만). 그리고 (1967년 이후처럼) 2천~6천만 집단을 포함해서 도표를 그렸을 때는 ml당 7천2

[3] Bromwich, P., Cohen, J., Stewart, I., and Walker, A. (1994) Decline in sperm counts: an artefact of changed reference range of 'normal'? *Br. Med. J.* 309, 19－22.

백만이라는 숫자를 얻었다(칼슨과 동료들의 경우 6천7백만). 같은 모집단 남성의 정자수가 반으로 줄어든 것이다.

아마 정자수는 지속적으로 줄어들고 있을 것이다. 그러나 이와 반대로 아이슬랜드와 뉴욕의 정자수는 증가하고 있다. 이러한 변화의 폭이 꾸준히 증가하고 있기 때문이거나 언론에서 좀 더 자주 국가간 평균 차이를 보고하고 있기 때문인지도 모르겠다. 칼슨과 그의 동료들이 펴낸 논문이 커다란 경종을 울려서 지원금을 받게 된 연구기관들은 환경에서 항안드로겐 요소들을 찾아내려 했고 그 중 몇몇은 발견되기도 했다. 사실 못 찾는 게 더 이상하다. 그러나 칼슨과 그의 동료들의 논문은 옳지 않다. 이는 그들이 (애매하게)정규 분포를 가정했으며, 시간의 변화에 따라 '정상' 표본의 성분이 변화하는 것이(로그분포에) 얼마나 중요한지를 미처 몰랐기 때문이다.

8.4 앞과 뒤를 연결하기[4)]

위의 예들이 우리에게 말하고자 하는 바는 무엇인가? 실험 설계에 관한 내용인가 아니면 실험결과를 얻은 사람들이 마음을 바꿀 수 있도록 하는 내용인가? 우리는 관찰내용이 우리의 앞 세대와 이어진 것이길 바란다. 아무리 과학적인 내용이라 할지라도 일어날 것 같지 않은 실험결과는 믿기가 매우 어렵다.

JC가 토끼의 정자 재검사 실험[5)]을 설계했을 때 새끼(kit)[6)] 토끼가 매우 극소수의 회복된 수란관 정자에서 태어났다면 자신도 믿기가 어려울 뿐 아니라 다른 이들을 확신시키기도 어렵다고 생각했다. 그래서 실험이 시작되기 전 토끼털 색깔의 돌연변이(혹은 혼동) 확률이 예를 들어 1/100,000일 거라고 예상했다. 이종교배를 통해 60개의 회복된 정자로부터 하나의 하얀 새끼 토끼(알비노, 적색눈)를 얻고 12,500,000개의 세척된 무작위 정자로부터 여섯 개의 갈색 새끼 토끼를 얻었

[4)] 다른 식으로 표현하자면 '당신의 뒤를 보여 주세요' 라고 할 수도 있겠지만 이는 베이스식 세계에서는 진부하고 케케묵은 표현방식이다.

[5)] JC는 더도 덜도 말고 정확히 기억되기를 희망한다.

[6)] 새끼 토끼는 kit라 불린다.

다. 정자의 비율을 고려한다면 하나의 흰색 토끼는 매우 희귀한 색깔 오류일 수도 있었다. 그러나 JC는 아버지 세대에서의 또 다른 차이점을 발견하였다. 하얀 토끼는 새끼 토끼처럼 위로 치켜진 귀를 가졌으며, 축 쳐진 귀를 가진 여섯 마리의 갈색 토끼도 새끼 토끼들처럼 반쯤 쳐진 귀를 가지고 있었다. 자식 세대의 면역도 부모 세대와 유사했다(그러나 각각의 경우에 대한 분별력은 없었다). 세 가지 변수 즉, 색깔, 귀의 모양, 면역체계를 통해 하얀 새끼 토끼가 다른 배에서 온 것이 아니라 60개의 정자로부터 얻어진 것이라는 결론을 얻었다.

따라서 당신이 만일 있을 것 같지 않은 결과를 증명하려고 한다면 하나로 연결된 (그러나 독립적인)몇 가지 증거를 갖고 있는 것이 좋다. 전통적으로 모든 정자가 같다는 귀무가설을 선택한다면 천이백오십만의 ('신선한')정자와 섞인 60개의 ('피곤한')정자가 수정될 확률은 극히 적다.－너무 적어 믿기 힘들 정도다. 실험을 통해 변이가 색깔 오류나 돌연변이로 인한 것이 아니라는 것을 증명하려면 부계를 확신시킬 수 있는 세 가지 독립적인 측정방법이 있어야 한다.

또 예를 들어 당신이 결과－반전실험(다음 장 참조)이 지극히 정상적이라는 것을 보여주려 한다면 정상성이 놀라운 결과라는 걸 보여줘야 한다. 같은 표에 실험결과의 부족여부를 나타내서 인이 부족한 양배추와(정상적으로) 인이 함유된 양배추를 대조시킬 수 있다. JC는 다수의 (그러나 여전히 정상치보다는 낮은)무작위 정자들과 수란관의 극소수 정자를 비교했다. 표에서 행과 줄을 잘 선택한다면 믿기 어려운 결과들을 완전히 믿을 만한 결과로 보여줄 수 있다. 실험을 통해 믿기 어려운 결과들을 얻는 것이 중요한 것이 아니라 훌륭한 과학자라면 동료들이 그 결과를 보고 마음을 바꿀 수 있어야 한다.

8.5 결론

이 장의 중요한 내용은 세상에 독립적인 측정이나 독립적인 관찰, 독립적인 과학은 없다는 것이다. 선행연구가 우선되며 후행연구는 선행연구에서 비롯된다. 당신의 실험이 후행연구를 얼마나 변화시킬 수 있느냐는 당신이 그 주제에 얼마나 영향을 미쳤는가에 따라 다르다.

실험결과를 이해할 때는 당신이 그 결과를 자신의 편견에(예: 선행연구) 근거하여 해석하고 있음을 명심하라. 또한 결과를 보여줄 때도 당신이 모든 이들의 현재 믿음(예: 선행믿음)이라는 정황에 근거해 자료를 해석한다는 것을 명심하라.

테스트 결과 당신이 임신했음을 37.156%로 확신하는 바입니다.

Chapter 9 실험의 종류

Kinds of experiments

9.1 앞서 준비한 실험

중앙난방에 문제가 생기면 배관공은 여러 단계에서 자동온도조절기를 시험하게 된다. 요리사는 케이크를 여러 온도에서 구워보고 최상의 온도를 찾는다. 이는 애타게 실험을 당하는 것(두 전문가는 '실험을 한다' 고 주장하겠지만)에 가깝지만 사실 '정상' 적인 상황이 대조군으로 포함될 때만 전통적 과학의 범위에 넣을 수 있다. 예를 들어, 배관공은 동일한 난방체계하에서는 잘못된 점을 쉽게 가려낼 수 있을 것이며 요리사는 매번 다른 시도를 하더라도 '표준화' 된 케이크를 만들어 낼 것이다. 우리는 경험적으로 배관공이나 요리사 모두 그럴 수 없다는 걸 알지만 실험 과학자들은 그래야 한다고 생각한다. 요리사나 배관공들의 교육체계는 주로 '이것이 전에 했던' 방식이라는 식이다(최근 들어 컴퓨터를 통한 모형화가 시행되고 있고 예전의 방식인 시행착오를 통한 실험은 유행에 뒤떨어진 모양새다).

과학은 커다란 규모의 사업이다. 과학을 공부한 사람의 절반 이상이 아직까지 살아 있다. 정교한 기구 시장이 거대하게 형성되었으며 이러한 기구들이 과학자들을(아마추어) 배관공이나 요리사화 하고 있다. 생물학 교육용 기구 특히 생태계 모형은 새로운 건축사나 기술자, 자원 관리자, 자연보호자들을 위한 컴퓨터 프로그램이다. 또 재료, 예를 들어 스테인레스 스틸, 혈액, 하수 오물 폐기물, 대기 먼지 입자와 같이 기술화 사회에서 실험자가 직접 재려고 해도 잴 수 없는 것들을 측정하는 고도로 발달된 신뢰할 만한 기구도 있다. 다양한 질병이나 혈액, 체액 내 호르몬이나 항체 수준을 진단하는 검사 도구인 임상기구, 태아의 선천적 기형여부나 정확하게 어느 곳에 뉴클레오티드 변형이 생겼는지를 검사해주는 방법 및 인간의 체외수정기구(시험관아기)나 각종 암 진단 도구들도 개발되었다.

사람들이 이런 실험을 할 때는 마치 헐리우드 영화 속 과학자들처럼 '자신의 실험을 하고 있는 것' 처럼 보인다. 그러나 그들 대부분은 과학을 하는 것이 아니다(이는 목수가 합판의 길이를 재거나 누군가 계량봉으로 차 엔진 오일의 수준을 점검하는 것과 마찬가지이다). 이는 기술적으로 DIY 세트처럼 정교한 배관일 뿐이며 납땜할 필요 없이 단지 압축 관절을 연결하거나 이미 준비된 기성품 케이크 재료를 이용하거나 슈퍼마켓에서 만들어진 음식을 사는 것과 같다. 인생을 좀 더 편리하게 해주는 반조리 재료들을 쓴다면 당신을 조리사라 부를 수 없듯이 다른 누군가에 의해 제작된 규격화된 도구-찰리에 관해 베티가 제시한 의문에 대해 알프레드가 개발한 정교한 장치-를 쓴다면 당신은 과학자가 아니다. 그러나 우리는 정교한 규격도구를 쓰는 의학실험 기술자를 '의학실험 과학자' 라고 잘못 부르고 있다. 그들은 직업적으로 이를 어떻게 사용할지를 배웠을 뿐이며 이는 과학이 아니다.

규격 도구들 특히 진단에 있어서의 도구들은 먼저 검증과정을 거치며 이는 긍정적 부정적 측면이 있다. 이 도구들의 개발과정에는 많은 양의 과학적 지식과 실험 계획이 포함되나, 이로 인해 이를 사용하는 사람들은 과학적으로 생각할 필요가 없어진다. 인이 없는 양배추를 인이 포함된 양배추와 동일하게 간주하여 양배추 하얀 나비 유충과 같은 혼동변수가 작용할 수 있다고 말할 수는 있다. 그러나 단지 도구를 이용하여 무언가를 측정하는 사람이 과학을 한다고 말할 수는 없다. 이는 실험계획의 내용이나 정황이 이미 다른 누군가에 의해 정의되어졌기 때문이다.

이른바 대학이나 대학교의 과학 관련학과나 특히 기업들은 이것을 구분하지 못한다. 많은 사람들이 교수(요즘은 대부분 제약회사나 기타 연구회사들)가 추천한 물질에 이런 도구들로 실험을 진행한 후 박사학위를 받는다. 이는 당신이 슈퍼마켓에서 사온 이미 준비된 조리 음식을 구워내고는 그 유명한 코르동 블루(cordon blue) 주방장이라고 주장하는 것과 같다. 만일 이렇게 하면 박사학위를 빠르고 쉽게, 또한 걱정없이 취득(흔히 성취한다고 한다)할 수 있다고 한다면 당신이 맞다. 하지만 그런 경우라면 당신은 더 이상 이 책을 읽을 이유가 없다. 그러나 애석하게도 당신은 이미 이 책을 구매했기 때문에 우리는 그 점에 감사해하며, 한쪽짜리 후기(13장)를 읽으라고 권하고 싶다. 이를 통해 당신은 과학자의 길에 대해 생각해볼 수 있을 것이다.

9.2 실험의 종류

실험자가 원인에 관한 실험을 한다면 'A가 X의 원인인가?' 라는 질문을 갖게 되고 이를 비교 실험을 통해 밝혀내려 할 것이다. 이러한 전단계, 실험, 예비 혹은 검증 실험은 대부분 두 가지를 비교하게 되는데 다른 조건들을 고정시킨 상태에서 검증물질에 가장 중요한 영향을 미치는 요소가 있는 경우와 없는 경우를 비교한다. 이 요소가 변수이며, 이 요소를 제외한 모든 조건들을 동일하게 유지해야 하는 것이 매개변수이다(5장 참조). 이는 대부분 잘 조절된 관찰로, 조심스러운 주방장이나 배관공이 하는 작업과 같다. 다시 한 번 강조하지만 사실, 관찰과 실험 사이에는 명확한 구분이 없다.

미지로 남아 있거나 전혀 새로운 현상은 조심스럽게 관찰하되 기존에 잘 알려졌거나 일반적인 물질에 대한 관찰법과 비슷해야 한다. 이것이 실험 계획에 대한 검증방법이다. 아이가 말라리아에 걸렸다고 말하기 전에 실제로 혈액표본을 김

자액(Giemsa)으로 염색해서 말라리아 기생충을 찾을 수 있는가? 별 스펙트럼의 0.0001% 움직임을 인지하여 별이 지구방향 혹은 지구반대방향으로 '적합하게 움직였다' 고 할 만큼 충분히 정교한 흡수선을 포함하는가? 일반적인 트롤낚시에서 물고기들의 유전적 다양성을 증명할 만큼 충분한 물고기를 잡을 수 있을 것인가? 간단한 방사능 요소 복합체의 형광측정을 할 수 있을 것인가? 관찰물체를 독립시켜 비교를 단순화하려 할수록 관찰이 실험과 비슷해진다. A가 항상 X와 함께 한다는 관찰로 'A가 X의 원인이다' 라고 결론짓기도 한다!

'과연 A가 X의 원인인가?' 는 고전적이면서도 순진한 과학적 질문이다. 'A가 많을수록 X가 증가하는가' 라는 질문은 좀 더 사려 깊어 보이긴 하나 여전히 기초적이다. 이는 조리사 혹은 배관공이 실험가운을 입은 것과 같은 형상이다.

9.3 결핍 실험

결핍 실험 계획은 매우 간단하다. A를 포함하거나 혹은 포함하지 않은 채로 실험을 진행하거나 두 번째는 A를 더하거나 덜해서 실험을 시행한 후 X의 존재여부 및 양을 측정하는 것이다. X의 양이 감소하거나, A가 없을 때 X도 나타나지 않는다면 실험자는 A가 어떤 경로로든 X의 존재에 영향을 미친다고 생각할 것이다. 이는 인이 있거나 혹은 없는 양배추와 마찬가지이다. 이 때 연구자들은 연구비를 타기 위해 신청서를 작성하고, 동료들과 이의 가능성에 대해 논의하고, 몇몇 실험들을 계획하기 시작한다.

이는 정교한 과학이 아니다. - 실제적으로 모든 사람들은 결핍 실험을 진행하고 있으며 이것을 우리는 상식이라고 한다. 만일 전자장비의 한 부분이 작동을 멈춘다면 우리는 우선 작동이 된다고 알려진(작동중인 탁상용 스탠드에서 뽑아온) 퓨즈로 대체할 것이다.

극소수의 과학자만이 결핍 실험으로 자신의 이력을 채우긴 하지만 자연에 관한 많은 질문에 답하기 위해서는 좀 더 신중한 생각이 필요하다. 우리는 과학자가 뭉툭한 단순 도구보다는 좀 더 유용한 도구를 가져야 한다고 본다.

9.4 라틴 방진과 그 외 실험 계획

당신이 만약 '실험 계획'이라는 문구가 포함된 제목의 책을 집어 든다면 아마도 이는 통계학자가 쓴 책일 것이며 분산분석(analysis of variance, ANOVA)[1]에 관한 내용일 것이다.

수많은 실험방법이 존재하지만 대부분 실험 계획은 1920년대 로날드 피셔경이 했던 서로 다른 조건하에서 서로 다른 경작물을 비교하는 '경작' 계획법을 따르고 있다(그림 9.1 참조). 분산분석이라는 이름은 이 방법이(서로 다른 경작지에서의 경작물) 차이에 주목하기 때문에 붙여졌지만, 그 차이를 설명해주지는 못한다. 이 분석은 차이의 발생 원인을 찾는 것으로 양쪽 경작지에서 생산된 양배추는 모두 유사하지만 아마도 인이 없는 양배추는 평균 1.2 g이 덜 나갈 것이다. 이는 지난 세기동안 응용 통계학이 얼마나 발전했는지를 보여주는 한 예이다. 통계학은 생물학, 좀 더 명확히 말하자면 농업에서 비롯되었다. 1920년대에는 연구비가 방위산업이 아니라 농업에 쓰여졌다.

분산분석은 세상을 선형구조로 이해한다. 대다수의 라틴 방진법은(여러 측면에서 다양한 축의 변이를 관찰하기 위해) 복잡성과 실제 세계에서의 비선형을 극복하기 위해 만들어졌다[2]. 지금은 컴퓨터도 있고 비선형에 대한 풍부한 이해도 더해진 상황이기 때문에 피셔(Fisher)의 초기 생각보다 더 나아갈 순 있지만 이는 또 한편으로 지금까지 분산분석이 보여줬던 결과가 가히 생산적이지만은 않다는 걸 말해주기도 한다. 라틴 방진은 고전적 실험 계획으로 이로부터 파생된 많은 방법(다양한 분석 패키지로 공변량 분석, ANCOVA 등)은 오늘날 그 복잡성에 있어 부조리함(ad absurdum)을 보여주고 있다.

작동을 시키기 위해 지속적으로 뭔가를 보탰지만 초창기 모형은 원시적인 기계

[1] 예를 들어 Clarke, G.M. (1980) *Statistics and Experimental Design*. London: Edward Arnold.

[2] GFM이 한번은 피셔(Fisher)와 일하고 있는 사람을 만난 적이 있는데 그가 말하길 피셔는 5차원적 인간이라고 한다. 아마도 그의 머리는 3D로 가득 찬 공간일 것이다. 우리는 그렇게까지 되라고 권하고 싶지는 않다.

그림 9.1

분산분석 실험 계획

A	B	A	C	A
B	C	C	B	A
B	B	C	C	B

a) 단순 무작위 실험으로 세 가지 치료법을 다섯 번 반복: A, B, C. 치료법(예를 들면, 인이 배제된, 소량의 인이 포함된, 다량의 인이 포함된 치료법)이 무작위로 각각의 구획에 배열되었다는 점을 눈여겨 볼 것.

Block			
1	B	C	A
2	B	A	C
3	C	A	B
4	B	C	A

b) 무작위 블록 실험으로 각각의 블록이 조절된 변수를 나타낸다. (토양의 질소성분처럼) 각각의 블록에는 한 세트의 치료법(A, B, C 모두)이 있어야 한다. 치료법 자체는 무작위로 배열되었다.

Block	1	2	3
1	A	B	C
2	B	C	A
3	C	A	B

c) 라틴 방진 실험 계획은 우리가 조절하려고 하는 두 개의 변수(예를 들어 토양의 질소와 pH)에 대해 각각의 치료법(A, B, C)을 무작위로 배열하는 것이다. 이 계획은 매우 균형 잡혀 있어 개별 치료법이 각 블록의 개별 수준내에 위치하게 된다(예를 들어 각 행과 열에는 각각의 치료법이 모두 위치한다).

일 뿐이다. 이는 마치 화물기계에서 경주용 자동차로 변화하려는 트랙터와 같다. 이 트랙터는 화물기계로서는 작동할 수 있지만 경주용 자동차로서는 그다지 성공적이지 못하다. 그러나 실험 계획에는 여러 가지 정교한 방법들이 있으며 이들은 적어도 시작은 자동차다.

9.5 결과–반전 실험

고전적이면서도 정교한 실험으로는 '결과–반전' 실험[3)]이 있다.

여기에서는 그 예로 고전적인 시계열 결과–반전 형식을 따르는 초기 임신진단법에 대해 설명하고, 수평적 결과–반전 실험의 구조를 간략히 보여주기 위해 면역 형광 염색기법에 대해 알아볼 것이다. 또한 고전적이면서도 널리 이용되는 에임스 암/돌연변이 유발물질 진단법(Ames carcinogen/mutagen)을 예로 들어 이들의 질적 양적 면에서의 상관관계에 대해 알아보고자 한다.

초기 임신 진단법

초기 임신 진단법의 원리는 간단하다. 여성의 소변 내에 임신 단백질 hCG[4)]가 있느냐 없느냐에 따라 임신 여부가 결정된다. (임신 여성에서 얻어진)이 단백질은 양성반응 소변에서 화학적으로 추출된 것으로 토끼에게(몇몇 추가적인 면역자극제, 즉 보조제와 함께) 주입되어 토끼의 몸에서 특정 인간 단백질에 대한 항체가 만들어지게 된다. 만일 이 토끼의 혈청이 임산부 소변이 포함된 시험관에서 가라앉는다면 액체와의 경계면에 이것이 명확히 보인다. 아마 당신은 '됐어' 라며 '이제 실험이 제대로 되고 있어' 라고 말할 것이다. 그러나 이 때 주의해야 할 점이 있다. 만일 임신하지 않은 여성의 소변이 포함된 다른 시험관에서도 토끼의 혈청이 가라앉아 침전물이 액체와의 경계면에 명확히 보인다면? 이런! 토끼가 만들어낸 항체는 hCG에만 제한적으로 작용하는 게 아니라는 건가! 원래 토끼는 자신의 몸을 보호하기 위해 소변에서 흔히 발견되는 세균을 포함한 다양

3) JC에 의하면 이는 매우 일반적인 형태로 30명의 대학원생들에게 설명한 적도 있다고 한다.

4) 인간 융모성 고나도트로핀(human chorionic gonadotropin)

한 물질에 대해 항체를 만들어낸다. 따라서 우리가 관심있는 물질이 아닌 것에도 항체를 만들게 된다.

이것을 반응의 '불특정성' 이라고 부르는데 사실 이는 잘못된 용어로 이들은 특정하게 반응하지만 그 방식이 우리가 원하는 방식이 아닐 뿐이다. 이는 임상실험에서 가장 일반적으로 나타나는 형태이다. X를 일으키는 A는 B나 C, D 등과 함께 반응하거나 혼동되어 대량의 W, Y, Z를 만들어내며 또 다른 X라는 반응도 이끌어낸다!

그렇다면 우리가 원하는 결과를 얻으려면 어떻게 해야 할까? 결혼한 M씨에게는 임신했다고 알리고 미혼인 N씨에게는 그렇지 않다고 말해 그들을 행복하게 할까? 결과-반전 실험은 몇 가지 트릭을 써서 이러한 혼동요인들을 제거한다.

첫째, N씨의 소변과 혈청을 적합한 양으로 섞는다. 그러면 이들의 침전물이 생길 것이다. 이를 걸러낸 후 버린다. 이제 정확한 양의 hCG 용액(혹은 임신한 부인 P씨로부터 얻은 소변)을 첨가하라. 만일 침전물이 생긴다면 P씨 소변의 hCG를 침전시킬 항체가 충분히 남아있다는 것으로 최초의 소변에는 hCG가 없었다. 따라서 N씨는 임신하지 않았다. 만일 침전물이 없다면, 최초의 소변에 있는 hCG가 혈청에 있는 항체와 모두 결합하여 더 이상의 침전물은 생길 수 없으며 이 때는 최초의 소변에 hCG가 있었다고 말할 수 있다. 따라서 N씨는 임신한 상태이다. 침전물이 없으면 임신한 것이고, 침전물이 생기면 임신하지 않은 것이다. 이러한 결과-반전 모형은 실험에서 생길 수 있는 '잡음' 을 제거하여 복잡한 체계에서 명확한 결과를 얻도록 도와준다. 이러한 형태는 '불특정' 반응을 바꾸지 않은 채 hCG에 대한 반응이 반대양상(양이 음)으로 나타나게 한다[5]. 특히 더 이상 침전물의 양을 질로 변환하는, 즉 예를 들어 통계학을 통해 '일정부분' 과 '많이' 를 구분 짓지 않아도 된다. 최종적으로 우리는 약간의 침전물이 있거나 아예 없거나(그림 9.2)하는 이분법적 결과를 얻게 된다.

[5] 이 실험방법의 원리를 이해하지 못하겠다면 다시 한 번 읽을 것을 권한다. 이 책의 나머지 부분도 이해하려면 이 실험계획을 꼭 이해해야 한다.

그림 9.2

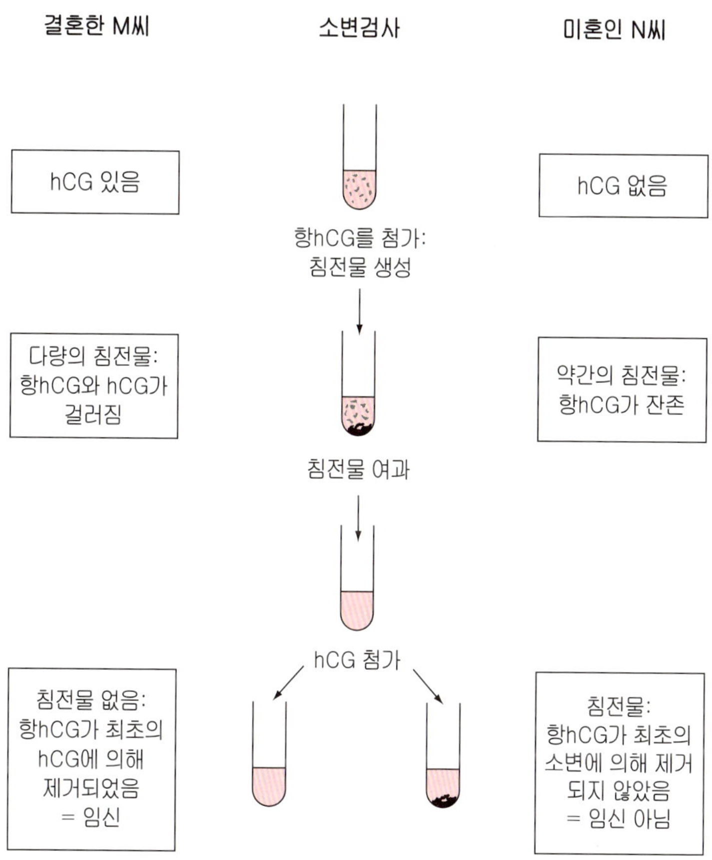

흥미로운 것은 이러한 결과—반전 실험을 통해 우리는 최초 소변표본의 상태 즉 hCG가 있거나 혹은 없는 상태를 알 수 있다. 이를 통해 최종 결과는 대조군처럼 나온다. 최종상황이 시작상황의 대조군이 되는 것이다. 이상적인 상태라면 음성이나 양성이라 밝혀진 소변표본을 동시에 시험할 수 있겠지만 다른 실험과 마찬가지로 이는 개별적 결과라기보다는 예비실험에 불과하다. 낡은 임신진단 실험실에서 매 실험마다 항 hCG를 쓸 것인지 아니면 하루에 한번 쓸 것인지는 비용에 따라 결정된다.

요즘은 여러 가지 민감하고 특수한 임신진단방법들이 사용되고 있다. 대부분은 아직도 결과－반전 형식을 사용하는데 이는 복잡한 물질에 대해 선명한 결과를 주기 때문이다.

형광(또는 효소연결) 항체로 염색

형광 항체 염색법은 흔히 사용되는 방법이기는 하나 제대로 시행되는 경우는 드물다. 이 실험의 목적은 인간이나 동물의 미세 조직 소견시 특정 항원, 주로 단백질이 보이도록 특정 항체와 반응시키는 것이다. 때때로 이런 항체들은 형광이거나 효소와 짝을 이루어 유색 물질로 국소화되며 이를 특별히 제작된 현미경으로 사진을 찍는다. 그러나 대부분 첫 번째 항체는 구매 가능 형광물질인(혹은 효소와 짝지어진) 두 번째 항체와 짝을 이루어야만 현미경으로 식별이 가능하다. 다수의 두 번째 항체는 첫 번째 항체의 각개 분자와 결합하여 증폭현상을 일으켜 최초 항원의 국소화(사진화)를 단순화시킨다.

인간 근육 세포에 있는 특정 형태의 병리적 액틴을 찾고자 한다고 가정해보자. 대부분의 연구에서는 근육층이 들어 있는 현미경 슬라이드를 인간의 특정 액틴에 대항하는 토끼의 면역 글로블린 G(IgG) 항체(희석액)에 담근다. 이후 이를 완전히 씻어내서 항체가 특정 항원 즉 특정 액틴에만 붙어있도록 한다(일반적으로 특정 항 액틴 항체 제조사들은 얼마만큼 희석해야 원하는 결과를 얻을 수 있는지 알려준다). 그리고는 슬라이드를 토끼의 IgG 항체에 대응하는 염소의 또 다른 항체 용액에 담그면 플루오레세인(fluorescein)이 대량으로 붙어서 나타난다. 과량의 염소 항체를 씻어내고 특별 검경판에 올리면 특정 액틴이 형광을 띠는 것을 볼 수 있다. 이는 일반적인 사례로 흔히 논문에 보고되는 형식이다. 그러나 모든 정상 액틴을 포함한 근육 세포의 다른 부분에 대해서도 이러한 반응이 나타날 수 있다. 물론 이러한 불특정 효과는 결과를 창조적으로 관찰하게 한다. 임상실험에서는 이런 일이 비일비재하다. 그렇다면 이를 어떻게 해결해야 할까?

우리는 정상과 비정상을 비교하기 위해 각각의 슬라이드에 놓을 두 가지 형태의 근육조직이 필요하다(물론 이들은 같은 조직에서 나온 것이어야 한다). '이번

주 일정' 같은 실험계획은 데이비드 워레트(David Werrett)에 의해 고안되었으며 이 사람은 지문의 DNA를 수사하는데 사용되는 방법을 개발한 사람이기도 하다. 이는 실험용 검사(월요일, 화요일, 금요일)를 양성 대조군(수요일) 및 결과-반전(금요일)으로부터 분리하였다. 각각의 슬라이드는 다음과 같다(각각의 경우 사고발생을 대비하여 두 개씩의 슬라이드를 얻을 것-별 문제없기를 바라죠? 그렇죠?).

월요일: 식염수 세척. 몇몇 조직은 자연적으로 형광이기 때문에, 또 어떤 희석된 액체는 조직에 붙어 형광을 내는 세균산물 때문에 약한 양성 반응을 보일 수 있다. 이는 현미경의 능력을 검사하는 것으로 낮은 수준의 불특정 형광도 감지하는지, 우리가 사용하는 특정 형광물질만 감지할 수 있는지 여부를 검사한다.

화요일: 식염수 세척 후 형광 표지 붙은 염소의 항토끼 IgG 처리. 상업적 염소 단백질은 물기 많은 세균 산물이나 특정 액틴에 붙어 표지를 남기거나, 다른 물질 심지어 인간의 정상 액틴에 반응하기도 한다(JC는 몇몇 논문의 게재를 기각했는데 이는 그토록 아름다운 형광이 두 번째 항체와의 잘못된 반응인지 아닌지를 구분할 방법이 없기 때문이었다).

수요일: 특정 토끼 항-특별액틴 항체 처리 후 형광 표지된 염소 항토끼 IgG 처리. 이는 매우 전형적인 과정이다. 현대의 고친화력 인자에서 형광을 얻지 못하는 게 더 어렵다(이러한 양성 대조군 슬라이드에 형광이 보이지 않는다면 형광을 억제하는 중금속이 있는지, 자외선을 쬔 적이 있는지, 현미경이 적합하게 조정됐는지 여부 등을 확인할 것).

목요일: 항체를 흡수하기 위해 과량의 인간 특별액틴을 더한 특정 토끼 항-특별액틴 항체 처리 후 형광 표지된 염소 항토끼 IgG 처리. 이는 결과-반전 시험으로서 화요일처럼 보여야 하며, 일반적으로 음성반응을 나타낸다.-만일 이것이 수요일 결과와 같다면 이는 수요일에 특별액틴이 염색되지 않았다는 것이다.

금요일: 목요일과 같은 형태의 과량의 인간 특별액틴이 첨가된 다른 종류의 토끼 항인간단백질(아마도 항−정상−인간 액틴) 처리 후 형광 표지된 염소 항토끼 IgG 처리. 이러한 특별액틴이 포함된 몇몇 단백질은 항체를 불특정하게 파괴하거나 비활성화시킨다. 만일 인간 특별액틴이 항체를 파괴시킨다면 수요일에 비해 매우 적은 양의 형광을 보이게 되며 이것은 목요일에 흡수된 것이 특정한 것이라고 믿지 않도록 한다.

만일 근육반응이 월요일, 화요일, 목요일에 음성으로 나오고 수요일에만(처음 항체를 무엇으로 썼느냐에 따라 아마 금요일도) 양성이라면 검사법이 선별적으로 작동한 것이다. 특히, 수요일이 양성일 때 목요일이 음성이라면 우리가 원하는 바로 그 항원이 존재한다고 확정지을 수 있다(금요일 처리 후 해당 항원이 항체를 파괴하는 일반적인 단백 분해효소가 아니라는 것을 확인−몇몇 단백질은 항체를 파괴되기도 한다). 중요한 반응은 음성반응이다. 수요일의 양성반응은 누구나 얻을 수 있고 현재 많은 이들이 그렇게 얻은 결과로 자신이 옳다고 주장한다. 조직이 특정 항원과 함께 흡수된 경우라면 음성적 반응을 보이는 목요일은 양성적 결과라 할 수 있다. 이 또한 결과−반전형태가 된다(같은 원리의 연장선상에서 가끔 위의 실험에서 정상 인간 근육 조직을 포함한 모든 반응요인들이 단백 분해효소를 파괴하도록 고정된 상태에서 흡수되면 좀 더 향상된 결과를 얻을 수 있다).

에임스 검사법(the Ames test)

이 검사법은 특정 요인이 유전물질에 손상을 가해 돌연변이나 암을 유발하는지 여부를 확인하는 검사법이다. 문제는 대부분의 요인 자체에 독성 작용도 있기 때문에 이를 유전자 변형효과로부터 분리해내는 것이 중요하다. 예를 들어, 유전자 변형 효과를 양이라고 하고, 독성효과를 음이라고 할 수 있다. 1950년대 브루스 에임스(Bruce Ames)는 이에 관한 혁신적인 방법을 고안해냈다.

사용된 살모렐라 세균은 상시적으로 사용가능한 돌연변이로 아미노산 트립토판의 합성 경로가 결핍되어 있다. 에임스 검사법은 얼마나 자주 돌연변이가 복귀−돌연변이 하여, 이를 포함한 세균이 트립토판이 없는 배양액 속에서 다시 생존할 수 있는지를 확인하는 것이다.

발암물질로 의심되는 물질이 없는 상태에서 트립토판이 포함된 배양액에 세균을 배양한다. 이러한 세균 중 자연적으로 복귀-돌연변이 하는 극소수는 군락을 형성한다. 일반적으로 세균 만 개당 대략 세 개의 군락이 형성된다(아마도 광범위한 광원과 살모넬라 내에 존재하는 자연 생물학적 돌연변이에 의한 것일 것이다). 그러나 만일 이러한 세균이 벤조피렌(일설에 의하면 원래 이물질은 구운 양고기의 바삭한 부분에서 유래했다고 한다)과 같은 돌연변이 유발인자가 포함된 상황에서 배양된다면 세균 만 개당 40~100개의 군락이 형성될 것이다. 복귀 돌연변이 군락이 많을수록 화학 검사물질이 돌연변이를 유발한다는 걸 의미한다.

이 방법은 돌연변이 유발요인에 대해 정반대 표현양식(돌연변이 유발요인이 적을수록 군락은 많아진다)을 보이면서도 독성에 대한 내용(많을수록 군락이 적어진다)도 포함하게 된다. 절반정도 진행된 상태에서 실험이 시작된다는 것을 인지하기만 한다면 결과-반전 실험 같은 해석이 가능하다. 트립토판-경로-결핍 세균의 생산이 이 실험의 절반을 차지한다(이런 세균들이 트립토판-결핍 돌연변이를 생산하기 위해 돌연변이 유발인자와 함께 배양되었다고 상상해보자).

다시 양배추 실험으로 돌아가서

우리가 알기로, 지금까지 인의 존재여부만이 대조군과 실험군 사이의 차이였다. 그러나 잠시 생각해보자. 인이 없는 군은 지렁이가 적을 것이며 이는 결국 매우 다른 형태의 미소 식물군이나 무기질 균형을 만들게 된다. 이러한(불특정) 요소 중 어떤 것이라도 양배추의 성장에 변화를 야기할 수 있다. 여기서 인의 효과를 분리하기 위해 결과-반전 형식을 사용할 수 있을까? 그러기 위해서는 다른 요소들의 효과 표지는 남겨둔 채 인에 대한 효과 표지를 바꾸어야 한다. 인이 결핍된 토양에서 발육이 억제된 상태로 자란 양배추에 인을 첨가하면 양배추는 다시 성장하게 되고 이로 인해 인의 수치변화에 따른 직접적인 효과라는 확신을 하게 된다.

만일 양배추가 성장하지 않는다면 인만이 성장에 관여한다는 우리의 생각을 바꾸어야 한다. 즉 성장은 인과 지렁이가 결합된 형태 혹은 좀 더 복잡한 어떤 형태에 의해 영향을 받는다. 문제는 실험 설계에 있어 결과–반전 형식은 매우 현명한 방식으로 잡음에서 나오는 신호를 분리시켜준다. 그렇다고 이것이 실험에서 무엇을 변수로 바꾸고 무엇을 매개변수로 남길 것인지 결정하는 설계의 복잡성을 대체할 수 있는 것은 아니다. 그러나 최초의 실험(대개 결핍 실험)이 해석하기 어렵거나 잘못 해석되기 쉬운 경우, 이러한 실험 설계를 통해 간결한 결과를 얻을 수 있다.

9.6 절반–반대 실험

항상 모든 상황을 다 조절할 수 있는 것은 아니다. 실제로 하나의 상황도 조절할 수 없는 경우도 있다. 우리가 하려는 것은 측정이지 이를 엉망으로 만드는 것이 아니다. 예를 들어 역사상 대조군(historical controls)은 통계학자를 두려움에 떨게 함에도 일반적으로 저평가되어 있다. 실험재료의 역사를 대조군으로 하는 실험은(그 당시에는 전혀 조절되지 않았지만) 매우 설득력을 가진다. 대부분의 교육, 임상, 생태학적 실험들이 이런 범주에 속한다. 어쩌면 신이 우리를 대신해 이미 모든 상황을 조절(controlling)하고 있었을지도 모르니까.

트리큐리스 트리키우라(Trichuris trichiura)와 인지 발달

트리큐리스 트리키우라(편충)는 인간 특히 어린이[6]에게 널리 편재하는 기생충이다. 오래전부터 기생충과 학습 능력에 대한 연관관계 연구가 있었으며 여기에는 다양한 종류의 혼동요인들이 있었다. 그 중에서도 가난한 어린이들은 기생충이 발견될 확률이 높으며, 또한 학교에서 불량하게 행동할 확률도 높다고 한다. 케이트 노크(Kate Nokes)가 했던 고상한 실험은 인간을 대상으로 하는 실험의 어려움들을 많은 부분 해결했는데, 자세한 내용은 다음과 같다[7]. 아이들의 기생

[6] Chan, M.S. et al (1994) The evaluation of global morbidity attributable to intestinal nematode infections. *Parasitology* 109, 373–387.

[7] Nokes, C. et al (1992) Moderate to heavy infections of *Trichuris trichiura* affect congnitive function in Jamaican school children. *Parasitology* 104, 539–547.

충 양을 측정한 뒤 인지능력을 검사하였으며 실험이 끝날 때까지 아이들의 기생충 존재여부나 교육상태가 검사에 영향을 미치지 못하도록 하였다. 이후에 심하게 감염된 아이들 중 절반에게 기생충 치료를 제공하였고 전체 아동들을 다시 검사하였다.

처음에 기생충 양이 많았던 아이들은 검사결과도 나쁘게 나왔다. –그들 대부분은 가장 빈곤한 아동에 속했다. 몇몇 아이들의 기생충을 치료한 후 전체 아동에 대한 인지능력 검사를 다시 시행했다. 몇몇 아이들은 여전히 기생충이 많았음에도 매우 향상된 결과를 보여주었다. 그들 모두가 어떻게 해야 하는지를 터득한 것이다. 그러나 기생충이 많았던 아이들 중 도중에 치료를 받은 아이들은 마지막까지 기생충이 있었던 학생들보다 대체적으로 향상된 결과를 보여주었다(그림 9.3).

그림 9.3

기생충 치료가 인지능력에 미치는 영향. C는 원래 감염되지 않은 그룹. T는 처음에 감염되었으나 치료된 그룹, P는 처음에 감염되었으나 실험기간동안 치료되지 못한 그룹(캠브리지대학 출판사의 허가 아래 자료 첨부)

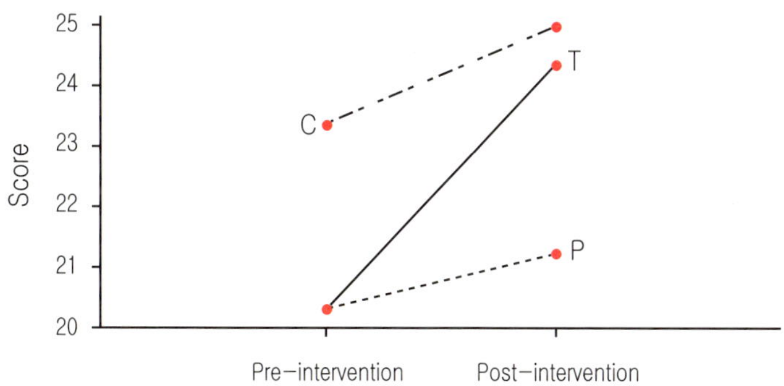

콜레라 박멸

언뜻 보면 이것은 실험이라기 보다는 마치 배관공이나 요리사, 전기공이 수리를 한 것처럼 보인다. 넓은 의미에서 이는 공중 보건의 시작을 의미하며 콜레라가 얼마나 퍼져있는지를 보여준다. 존 스노우(John snow)라는 의사는 소호(런던) 지역에서 어렵게 조사한 결과(템즈 강에서 시작되는) 특정 수도에서 나오는 물이 지역주민 콜레라 감염의 원인이라는 걸 확신하게 됐다. 의사의 고압적인 직권으로(19세기나 그 즈음) 그는 문제의 수도를 제거하였고 그 후 콜레라 발병률이 급속히 감소하였다[8]. 이 경우 엄밀히 말하면 대조군은 없었다. 이는 기생충 감염 어린이와 마찬가지로 결과―반전 실험이며 모집단은 다시 건강한 상태를 '되찾았다'.

그러나 위의 두 가지 예에 아직 불확실한 것이 남아있다. 무엇이 정상이고 무엇이 원래의 상태인가? 우리가 이것을 결과―반전 실험의 나머지 반이라고 한다면 모든 결핍 실험도 이와 같은 형태로 볼 수 있다. 요인을 첨가/제거하고 나면 실험의 나머지 반은 요인을 제거/첨가하는 것이다. 결과―반전 실험의 주요 내용은 기능의 회복이다. 기생충을 제거하는 것보다 인지능력을 회복하는 방법이 더 다양하게 존재하기 때문에 이는 결과―반전 실험이 될 수 없다. 아마도 콜레라 감염을 제거하는 방법이 단 하나이기 때문에 이러한 방법을 채택했을 것이다.

차가 작동하지 않는 이유는 다양하다. 차가 작동하지 못하도록 한다고 차를 이해한다고 할 수는 없으나, 이미 작동하지 않는 차를 고칠 수 있다는 것은 작동하지 않는 부분이나 원인을 가려낼 수 있다는 걸 의미하기 때문에 차를 이해하고 있다고 볼 수 있다.

[8] 일부에서는 콜레라 감염수준은 어차피 떨어질 것이었고, 수도관을 없앤 것은 하나의 제스처에 불과하다는 설도 있다.

남 아틀란타 지역의 철 염화물

남 아틀란타 해역의 바닷물에 철을 공급하면 이전(역사상 시점)의 바닷물 혹은, 가까운 곳의 바닷물보다 더 많은 플랑크톤을 생산해낼 수 있다[9]. 그러나 이들은 실제로 조절되지 않았기 때문에 적합한 대조군이 아니다. 여기에는 이전이나 가까운 곳의 바닷물은 '정상' 이라는 가정이 숨어 있다.-신은 우리를 위해 이미 조절을 다 해놓으셨다. 하지만 또 다른 신인 통계학자들은 이것은 결정적인 증거가 되지 못하며 철의 인위적 공급과 해조류의 만발은 단순한 우연의 일치임을 지적하고자 애썼을 것이다. 그럼에도 불구하고 철의 농도를 인위적으로 조절하지 않은 다른 지역에서도 철의 농도가 증가하면 해조류의 생산도 증가한 사실이 확실히 나타났다. 실제로 설득력 있는 증거는 철을 공급한 지역과 그렇지 않은 지역간의 생산력의 차이이다. 이는 수많은 임상실험을 통해 치료 가능한 약으로 인정받는 것보다 훨씬 강력한 증거가 된다.

9.7 경쟁 실험

이러한 실험 계획은 모든 과학 분야에서 매우 흔하게 사용되는 방법이다. 이제 앞으로 세 가지 생물학적 예가 제시되는데 공업 화학에서도 이러한 방법을 종종 사용하며 분자물리학에서도 이에 근거하여 실험을 진행하곤 한다. 이들은 병렬적이고 양적인 형태라서 결과-반전 실험과도 유사하다. 이 실험은 서로 다른 물질과 요소들의 진행과정에 대한 기여도를 측정하기 위해 설계되었다.-부족분(양배추의 인)이 미치는 영향으로 원인에 대한 설명을 할 수도 있지만 두세 가지 영향정도를 비교하면 그 비교가 더욱 뚜렷해질 수 있다. 이제 '정상' 형제군과 광물 찌꺼기가 있는 상황에서 길러지는 식물의 강인함과 정자의 경쟁력을 비교하는 실험에 대해 설명할 것이다. 또한 이는 양적 결과-반전 실험과 유사하기 때문에 특정한 DNA 서열에서 다른 DNA 서열과의 유사성을 비교할 것이다.

[9] Coates, K.H. et al. (1996) A massive phytoplankton bloom induced by an ecosystem-scale iron fertilization experiment in the equatorial Pacific Ocean. *Nature* 838, 495-501.

광물 찌꺼기에서 식물 키우기

중금속으로 오염된 광물 찌꺼기에서 자라는 잡초 중에 과다 중금속이 없는 길가의 잡초처럼 잘 자라는 것들이 있다. 만약 이런 식물 혹은 종자(조건이 있다면 꽃가루는 어디서 온 것인가?)를 화분에 옮겨 정상적인 토양에서 키우고 중금속 없는 동네 길거리 표본도 동일한 조건하에서 키운다면 양쪽 모두 정상적으로 자랄 것이다. 그러나 만일 오염된 토양에서 두 개의 표본을 키운다면 광물 찌꺼기에서 잘 자랐던 것은 문제가 없지만 동네 길가에서 얻은 식물은 금방 죽고 만다. 그런데 왜 이런 '강한' 저항성 식물들이 전체 생태계에서 우위를 차지하지 못하는 걸까? 답은 하나의 화분에 두 개의 식물을 동시에 자라게 하면 알 수 있다. 정상적인 길거리 식물은 오염된 토양에서는 죽지만, 정상적인 토양에서는 광물 찌꺼기에서도 잘 자라는 식물을 압도한다. 광물 찌꺼기 생존 식물은 자신들의 특별한 능력을 일반적인 경쟁상황에서는 '잃게 된다'. 물론 이 중 하나의 밀도가 줄어 결과–반전 형식에서 과다 경쟁 식물이 회복되는 결과(이것이 우리의 가정)를 초래할 수도 있다.

경쟁 실험은 이와 유사한 단순 실험보다 훨씬 설득력 있다. 중금속에 내성이 있는 식물은 정상적인 민감 야생 나무와 분리할 경우 잘 자란다. 그러나 중금속 없이 같은 화분에 빽빽하게 키울 경우 중금속에 민감한 야생 식물이 더 잘 자라며 중금속에 내성이 있는 형태는 밀려나게 된다.

수용가능한 또는 수용가능하지 않은 정자

1960년대 말 대부분의 수컷에서 다량의 정자가 배출되는 것에 대해 새로운 이론이 대두되었다[10]. 초파리와 같은 수컷의 경우 매우 '효율적인' 정자를(수정시 적게는 2개, 보통은 10개를) 배출하지만 인간의 경우 사정시 3×10^8를 배출하기 때문에 이러한 기하급수적 오류생성 요인들이 설명될 필요가 있었다.

[10] Cohen, J. (1967) The correlation between sperm redundancy and chiasma frequency. *Nature* 215, 862–863.

한 때 싱클레어사의 캠브리지 휴대용 계산기는 1,000개 중 3~7개 정도만 작동 회로를 얻게 되는 공정이었다[11]. 또한 기하급수적인 문제도 발생했는데, 각각의 회로 중 절반만이 성공하기 때문에 이런 과정을 다섯 번 거칠 경우 1/2×1/2×1/2×1/2×1/2가 되어 1/32 확률만 성공하고 나머지 31/32은 실패하여 가게에 진열되지 못했다. JC에 의하면 유전적 재조합(교차)의 경우 1/3은 실패하기 때문에 '실패한' 정자비율이 재조합수에 따라 증가한다고 한다. 초파리의 수컷에게는 교차가 발생하지 않지만 인간에게는 50번 정도 발생하기 때문에 3억개의 정자 중에서 2천개만이 수정된다. 이것이 소급추측(retrodiction)이다.

토끼의 경우 (10마리의) 새끼토끼를 얻기 위해 대략 35번의 교차를 거쳐 1억개의 정자가 배출된다. 이 중 약 2만개의 정자만 수정이 허용된다. 위 이론을 증명하려면 다음의 (1)과 (2)를 서로 구별할 수 있어야 한다. (1) 모든 정자의 효과가 동일하며 이들 모두 결승선에 도달할 수 있다(그러나 이것이 만일 우디 앨런식의 마라톤일 경우 빨리 이어간다고 두 배로 빨라지진 않는다). (2) 전체 정자 중 소수만이 수정할 수 있으며 이들은 이러한 차별적 체계를 두 번 통과한다(마치 싱클레어의 계산기 회로가 최종 질 관리를 두 번 통과하듯이).

JC 연구 집단은 색깔이 다른(유전자도 다른) 토끼의 정자와 섞기 위해 하나의 토끼 수란관에서 채취한 운동성 난자를 안정적으로 채취하기까지 2년여의 시간이 걸렸다(8장 4절 참고). 이 둘은 또 다른 암컷 토끼에게 주입되었다. 세 마리의 수컷은 '선택된' 혹은 '선택되지 못한' 공여자로 분류된다. 간략히 설명하자면 하나의 수정을 위해서는 백만 개의 선택되지 못한 정자가 필요하며 수란관에서 이 중 약 100개만이 살아남는다. 가장 극적인 결과는 수란관에서 얻어진 60개의 흰색 정자와 새로 사정되어 씻긴 천2백5십만개의 갈색 정자에서 하나의 (귀를 쫑긋 세운)흰색 토끼와 여섯 개의 (귀가 늘어진)갈색 토끼가 한꺼번에 나온다는 사실이다. 수란관에 도달한 정자는 두 번째에서 좀 더 유리한 고지를 차지한다. 암

[11] JC는 이러한 사실들이 다소나마 정확하게 기억되길 바란다.

컷의 생식기로 진입하는 것은 경주나 마라톤이라기보다 엄연한 선택의 과정으로 싱클레어사 공장의 질 관리와 같은 것이다.

타일러(Tyler)는 1970년대 후반 비슷한 영역에서 매우 우아한 실험을 계획하였다[12]. 수란관 진입에 성공한 정자들은 첨체(머리의 제일 앞) 부분에 항체로 형성된 외막이 없었으나 다른 선택되지 못한 정자들의 경우 대부분이 이를 가지고 있었다(요일에 따라 면역글로블린 G 표지를 붙였던 워레트(Werrett)가 이를 증명하였다) (2시간 내에). 토끼의 질에서 자궁까지 도달한 최초의 소수 정자는 외막이 없었거나 이를 형성할 수 없었는데, 나중에(6~8시간 후) 자궁에 도달한 정자는 거의 대부분 외막이 형성되어 있어 백혈구세포에 의해 공격당하거나 잡아 먹혔다. 여기서 드는 의문은 외막이 없는 수란관 내 정자는 예전 실험에서처럼 특별한 수정능력이 있어 수정과정에서 또 다시 우위를 차지하는가? 그리고 외막이 없는 최초의 자궁 내 정자는 수란관에 더 빨리 진입하는가? 또는 우위를 점한 수란관내 정자는 나중에 자궁에서 외막을 형성하여 자궁 내 싸움에서 승자가 되는가?

타일러의 매우 경제적인 실험은 한 마리의 수컷과 여섯 마리의 암컷을 썼는데, 이 여섯 마리의 암컷 중 셋은 '공여자' 였고 나머지 셋은 '수령자' 였다(JC의 연구 집단은 재 인공수정 실험에 몇 백 마리를 사용하기도 했다). 수컷은 공여자 암컷과 짝이 지워졌고 2시간의 교미 후 암컷의 자궁에 있는 정자(한번에 600개)를 채취하였다. 이 정자 중 60개를 면역학 연구를 위해 슬라이드 위로 옮겼다. 다른(나머지 540개) 정자는 (공여자와 동시에 배란하기 위해 항체 형성 호르몬, luteinising hormone, LH이 주입된)수령자 암컷에 주입되었다. 8시간 후 양쪽 암컷의 자궁 속에서 정자를 얻어 슬라이드 위에 놓았다(수령자에게서 55개가 채취되었으며 나머지 485개는 생식기에 남겨졌다). 배란은 양쪽 모두에서 14시간 후 이루어졌으며 배란 뒤 30시간쯤 후에 수정란을 얻기 위해 수란관을 씻어냈다. 수정란의 수정 상태가 확인되었다.

[12] Cohen, J. and Tyler, K.R. (1980) Sperm populations in the female genital tract of the rabbit. *J. Reprod. Fert* 60, 213–218.

이 실험에 의하면 공여자의 자궁으로 진입했던 첫 번째 정자는 수령자의 자궁 내에서 8시간 동안 외막이 형성되지 않은 채 존재하였으며 매 수정마다 50개 정도만 필요했다고 한다. 이에 반해 선택되지 못한 정자의 경우 매 수정마다 2만 개가 사정(혹은 8시간 동안 자궁 내에 존재)된 정자가 필요했다고 한다. 첫 번째 진입자는 실제로 특별한 수정 정자로 암컷의 질 관리 검사를 통과한 것이었다.

이러한 결과는 모두 JC의 첫 번째 실험에 있는 경쟁적 실험 연구계획서에 기초하여 서로 다른 모집단이 경쟁하도록 설계되었기에 가능한 것이었다.

DNA를 위한 DNA 경쟁

매우 유사한 공통조상을 가진 세 가지 종 A, B, C가 있다고 생각해보자. 우리는 그림 9.4에 보이는 관계를 구분하려고 한다. 이들은 거의 똑같아서 A가 C나 B에 얼마나 달라붙는지를 보면 항상 100%라는 결과가 나온다. 만일 이들의 DNA를 섞는다면 B에 있는 DNA가 A가 C에 달라붙는 것을 얼마나 방지할 수 있을까? 만일 C의 DNA를 막(membrane)에 부착시킨 후 A와 B에서 얻은 동일한 양의 DNA(예를 들어 이 중 A에 방사능 활동성이 있게 하거나 다른 표지를 붙여서)를 첨가하면 경쟁적인 형식을 갖게 된다. A가 C의 막에 들러붙지 않게 B가 방해할수록 A의 방사능 활동성은 줄어들게 될 것이다. A와 B로부터 동량의 DNA가 C와 결합한다고 가정해보자(예를 들어 막 자체의 방사능 활동성은 A와 함께 있는 경우의 절반이거나 실제로는 A와 상관없는 DNA 예를 들어 *E. coli* DNA와 경쟁하게 될 경우). 그렇다면 C에 대해 A와 B는 동일하다는 전제가 있어야 한다. 만일 세 가지 종이 모두 다르다면 세번째 계통발생론이 유력한 후보가 된다. 이 네 가지 서로 다른 가능성은 세 번째로 무엇을 선택하느냐에 따라 서로 다른 세 가지 배열의 경쟁력 비교로 구분될 수 있다.

그림 9.4

네 가지 가능한 계통발생론과 이들을 구별하기 위한 실험계획

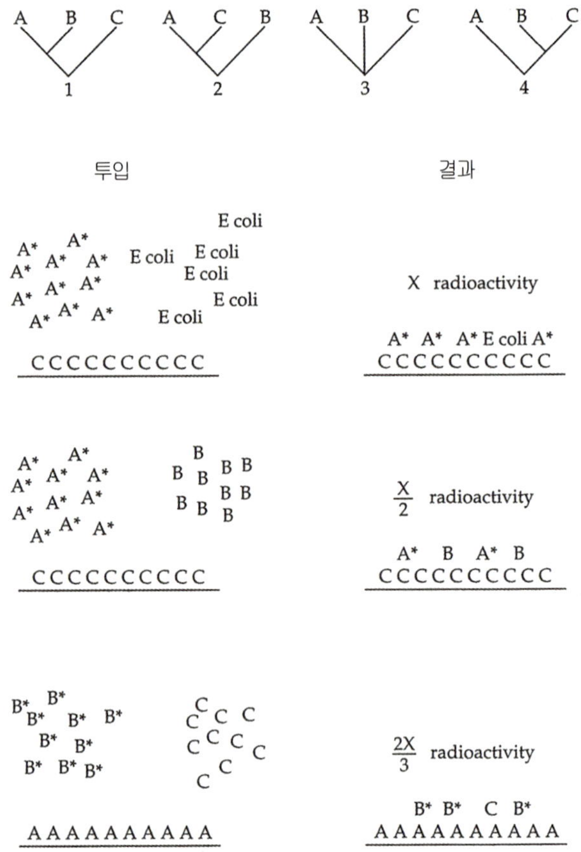

어떤 관계가 선호되는가?

9.8 실험 결과

세 가지 결과가 있을 수 있는데,

양성: 가설이 그대로 받아들여진 경우(인이 부족하면 양배추 발육이 저지된다)

음성: 가설이 완전 박살난 경우(양배추는 인 없이 더 잘 자란다)

귀무: 실험이 적절하게 진행되지 못한 경우

귀무가설은 말도 되지 않는 가설(모든 양배추가 폭발한다)의 결과이거나 모든 가능한 답변을 위협하는 외부의 조건이다. 모든 양배추는 하얀 양배추 모충에 의해 공격을 받는다(또는 기생충이 포함됐는지 보려고 조심스럽게 수집된 진드기는 모두 잘못된 배양기에서 길러졌다).

모든 과학자들은 가설을 부정하도록 교육받았으나 실제로 거의 모든 실험이 제대로 '작동' 된다. 옳다고 알려진 사실을 부정하면 실험을 잘못한 것이 된다. 따라서 모든 실험은 예상된 양성 결과를 보여 주게 된다. 이는 A가 X를 일으킨다거나 그렇지 않다는 것을 보여주기 위해 실험에 모든 역량을 집중하기 때문이다. JC의 색소세포 연구에서와 같이 실험자는 실험을 지속적으로 정교하게 다듬고 새롭게 하려고 노력한다(Box 12.1 참조). 타일러의 예처럼 매우 영리한 실험설계라 할지라도 결국은 실험을 통해 가설을 확정한다. 그러나 위와 같이 단순한 확정은 지적인 면을 충족시키지 못한다. '신의 은총으로 또 다른 하얀 백조 탄생!' 대개의 모든 '성공적인' 과학실험은 동어반복적이다. 즉, 기존의 이론이나 실험결과가 그대로 고수되면서 우리의 지식축적에 아무런 보탬이 되지 않는다[13]. 기껏해야 현재 우리가 새로 짓거나 수리하고 있는 건물 벽에 들어맞는 벽돌처럼, 현재의 지식에 들어맞을 뿐이다. 때때로 위에 제시된 세 가지 절반-반대 실험 같은 경우 훌륭한 예시를 통해 사람들을 확신시키기가 더 쉬울 수 있다. 그러나 각각의 경우에도 실험자는 결과가 어떻다는 것을 이미 알고 있으며, 단지 어떤 식으로 보여줄 것인가를 고민할 뿐이다(자신이 틀렸다고 말하는 사람도 없으며, 잘못된 수도꼭지를 없애 콜레라 전염을 예방하지 못했다는 사람도 없다).

[13] 그러나 동어반복이 아직 사실이라는 것을 기억할 것

어떤 실험이라도 가설이 옳다고 증명할 수 없다면, 논리적-이면서 정치적-인 문제가 발생한다. 이는 성공적인 실험은 동어반복적이라는 것과 반대되는 개념이다. 이 때 발생하는 문제는 다음과 같다. 우리는 A가 X를 일으킨다고 생각했지만 결과에 따라 그렇지 않다고 발표한다. 지금까지 했던 모든 실험에서는(A가 원인요인이라 생각해서) A에만 초점을 맞췄기 때문에 우리는 X를 일으키는 요인이 무엇인지 모르는 상태가 된다! B에 관해서도 동시에 연구했었다면… (또는 B, C, D, … Z가 예비실험에 얼마나 포함됐는지를 알았더라면…) 만일 결과가 매우 흥미롭고 사람들의 생각을 바꿀 정도라면 아마도 그건 측정을 잘못했기 때문일 것이다.

따라서 연구자는 B를 이용한 새로운 실험을 위해 연구비를 새로 신청하거나 연장하려고 할 것이다. 그러나 연구비 제공자의 입장에서 본다면 이는 그리 좋은 생각이 아니다. 결론적으로 A에 대한 연구는 잘못되었다. 실험에서 계속적으로 B, C, D 등은 대조군과 실험군 모두에서 매개변수였다. 따라서(만일 이러한 연구결과가 과거에 주장해 오던 A가 X를 일으킨다는 내용처럼 과학적으로 매우 뛰어난 결과일지라도) 연구비를 따내지 못할 것이다. 게다가 더욱 심각한 문제는 'A가 아닌' 변수에 관한 논문을 출판할 수 없다는 것이다. 이는 일단 모든 사람들이 A가 X를 일으킨다고 알고 있기 때문이며, 둘째로 이것은(많은 사람들이 귀무가설과 혼동될) 음성적 결과이기 때문이다. 따라서 이른바 과학에 일가견이 있다는 많은 과학자들은 이러한 결과에 곤혹스러워할 것이다.

그러나 실망하지는 말자! 과학에도 사회학이 있다. 당신의 연구소 내 박사과정 학생 중 하나는 B 교수 연구소의 학생과 사귀고 있을지도 모른다. 그녀는 과다한 A가 있을 때, B는 X를 일으킨다는 걸 증명하는 연구를 하고 있다(A는 이 실험에서 매개변수이다). 당신은 여기에 있는 몇몇 숫자들을 이용하여 연구비를 신청할 수도 있다. 또한 시카고에 있는 또 다른 연구팀은 A와 B가 적당한 양으로 존재한다면 C가 X를 일으킨다는 걸 증명하려 한다. 세상 모든 일들은 하나의 원인으로 인해 발생하지 않으며, 바라보는 시각 또한 하나가 아니라 매우 다양하다.

9.9 빈곤한 기능과 재건

위의 세 가지 절반-반전 실험의 예는 결과-반전 실험의 나머지 반과 비슷하다. 에임스의 검사에서 복귀 돌연변이는 세균의 기능을 회복시켰으며 같은 방식으로 개별 치료법은 빈곤한 기능을 회복시켰다. 기생충을 없애서 인지 능력을 '회복' 시키고, 배설물로 오염된 물을 없애서 콜레라가 없는 상태로 '회복' 시키고, 철을 첨가해서 바다를 생산적으로 '회복' 시켰다. 아마도 당신은 의사가 수도꼭지를 없애거나 사람들이 조개를 먹지 못하도록 하고 해양학자가 바닷물에 다량의 알루미늄을 첨가했다는 얘기를 들어본 적은 없을 것이다. 이러한 '잘 알려진 원인치료 성공 사례' 에서 실험은 고칠 방법이 하나밖에 없기 때문에 단지 증명해 보여주는 방식이다. 이는 현명한 정비사가 차를 수리하는 과정과 같다. 그는 믿지 못할 행동들을 한다. 차 상태를 보고 작은 것 하나만 바꾸면서(예를 들어 오래된 차의 기화기 부유실을 청소하거나 새로운 차의 퓨즈 하나를 새로 갈거나 하는 등) 다시 작동할 거라 단언한다. 기계장치를 때려서 고치려는 시도는 기존의 편견을 이용하는 것과 같다. 이로 인해 기계가 작동한다 해도 성공적인 -그러나 그렇지 않을 것 같았던- 예언보다 인상적이지 못하다.

이것이 결과-반전이다. A를 제거하면 X가 예방된다는 것을 증명해 보이고 A를 다시 돌려놓아 X를 다시 일으킬 수 있다면 A가 부족할 때 X가 예방된다는 것보다 원인결과를 밝혀내는데 훨씬 효과적인 방식이다. 이런 경우에도 나머지 절반(즉 기능을 회복시키는 것)이 처음의 절반보다 훨씬 신뢰하기가 쉬운데 이는 기능을 잃는 이유는 많지만 이를 회복하는 데는 그렇지 않기 때문이다.

차를 수리하려면 잘못된 점을 바로 알고 그 점을 고쳐야만 작동하지만, 차가 고장 날 때는 수백만 가지의 다른 이유들이 존재한다.

33쪽에 있는 심리게임의 단서

단서 1: 철모의 효과에 대해 생각해 봅시다. 철모가 어떤 역할을 할까요? 만일 아직도 그게 뭔지 모르겠다면 이해하려 하지 말고 직접 느껴보세요.

단서 2: 도표가 도움이 될 수도 있지만 (어쩌면)함정이 될 수도 있음을 명심하세요!

Chapter 10

이것이 답입니다. -그런데 문제가 뭐였죠?

Here's the answer-
what's the question?

10.1 설명

우리는 관찰하고 탐색하고 실험한 결과에 따라 새롭게 이해한 것들을 다른 사람에게 설명할 수 있기를 원한다. 설명이란 쉬운 개념이 아니다. 그 의미 범위의 한쪽 끝에는 계속해서 성가시게 질문을 해대는 학생을 더 이상 질문을 하지 않게 만듦으로써 학생에게 문제를 설명해 냈다고 여기는 선생님이 있을 수 있다(사실 우리는 이와 같은 선생님들을 수 없이 만나왔다). 다른 쪽 극단에는, 설명자가 설명을 마치고 나면, 설명을 들은 사람이 제 3자로부터 받은 질문에 설명자가 한 것처럼 모두 답할 수 있을 정도를 목표로 삼아야 한다고 여기는 사람도 있을 수 있다. 즉 설명을 들은 사람은 설명자의 대리인이 될 정도여야 한다는 것이다. 이 경우에 설명을 들은 사람이 설명자의 의견에 동의해야만 하는 것은 물론 아니다. 설명을 들은 사람은 '만약 다이안(Dianne)이 대답한다면 이렇게 말할 거야…. 그렇지만 나는 그녀가 틀렸다고 생각한다는 걸 알아 두렴' 같은 대답을 할 수 있을 것이다. 일반적으로, 우리가 필요로 하는 기준은 이 양 극단 사이에 있다. 우리는 설명을 듣는 사람이 주제에 대해 설명자가 이해한 것 전부(편견까지도 포함해서)를 알기 원하는 것이 아니라 일부만이라도 이해했기를 원하는 것이다.

제6장에서 제8장에 걸쳐 논의한대로 거의 모든 통계학적 방법의 사용은 실험자가 얼마나 불확실한가를 보여주는 데에 그 목적이 있다. 만약 우리가 동종 교배된 생후 6주차 쥐 30마리의 평균 몸무게가 12.5그램(표준편차 4.5그램)인 반면, 이종 교배된 생후 6주차 쥐 30마리의 평균 몸무게는 15.0그램(표준편차 2.6그램)이라고 말한다면, 당신은 이종 교배된 쥐가 연령에 비해 몸무게가 더 나갈 뿐만 아니라 편차도 더 작다는 것을 이해할 수 있게 된다. 물론, 해당 모집단들이 차이가 있는지, 혹은 해당 모집단들이 차이가 없다는 가설을 기각할 수 있는지 여부를 확인하기 위해 통계적 분석을 시행하는 것도 충분히 있음직한 일이다. 이 평균들(10.89~14.11과 13.07~14.93)의 신뢰 구간을 계산하면 일부가 중복되고 있음을 알 수 있고, 따라서 그들이 동일하다는 가설을 기각할 수 없음을 알 수 있다. 심지어 차이가 있다고 한다 하더라도, 우리는 표본에서 본대로, 모든 경우에 있어 66%는 같다라고 말할 수 있다. 즉, 제2종 오류(귀무가설이 그릇 되었는데도 수용하는 일)의 확률은 66%이다[1]. 만약 그들이 같다고 하는 경우, 통계적으로 5%는 차이가 있음을 알 수 있다(이것이 유의성 검정 단계에 의해 정해지는 제1종 오류이다).

따라서 만약 실험용 쥐로 작업을 하는 많은 집단이 이 같은 연구를 하고, 모두가 출간을 전제로 보고서를 준비하게 된다면, 그들 중 소수는 출간할만한 '유의적인' 결과를 얻게 될 것이다. 실제로는 쥐들 간에 아무런 차이가 존재하지 않는다고 해도 말이다. 만일 쥐들 간에 차이가 없다면, 연구자의 반 정도는 동종 교배

[1] 정상분포된 집단에서 무작위로 표본을 추출하여 *t*-test를 한 결과, 평균과 표준편차가 모집단의 값을 대표한다고 가정하고 계산됨. 어떤 종류의 spreadsheet software 사용해도 계산가능. Berry, E.M. et al. (1981) The significance of non-significance. *Q. J. Med.* 91, 647-653.

쥐들의 몸무게가 더 많이 나간다고 주장하게 될 것이고, 그런 가운데 그들이 더 무겁지 않고, 더 가볍다는 데 어떤 이해관계가 걸려 있는 경우, 동종 교배 쥐들이 더 가볍다는 –사실 가볍지 않다 해도– 주장을 하는 논문이 출간될 것이다. 이것이 보고자의 편견이다. 그리고 우리 모두는 이런 일이 일어난다는 것을 알고는 있어도 얼마나 빈번하게 벌어지고 있는가는 모르고 있다. 잭 코헨(Jack Cohen)과 이안 스튜어트(Ian Stewart)는 인간의 정자 수와, 알려진 것처럼 정자 수가 줄어들고 있는가 하는 문제에 관심을 가지고 있었는데, 발견한 것은 세상에는 수많은 종류의 측정방법이 있으며, 여기에는 나쁜 소식을 보도하는 매체의 편견이 많이 작용하고 있다는 사실이었다(정자 수 감소에 대한 원래의 주장은 표준적인 통계적 분석에 기초하고 있었지만, 정황을 면밀히 조사해 보면 이러한 분석이 원래 생각했던 것처럼 그렇게 결정적인 것은 아님을 알 수 있었다. 8장 3절 참조)[2].

보고자의 편견은 인간의 정자 수에 대한 미디어의 보도 오류를 설명해 준다. 유전적으로 동일한 새끼 쥐들 간의 경쟁이나, 유전적인 장점과 단점 간의 균형이 맞추어진 이종 교배 쥐들 간의 경쟁을 상정해 보면, 왜 동종 교배 쥐들이 이종 교배 쥐들에 비해 다양한지를 설명할 수 있게 된다. 그러나 이해라는 것이 이러한 설명을 모두 아울러야 할 필요는 없다고 생각한다. 아마도 가장 중요한 쟁점은, 주어진 다양한 설명 중에 어떤 것을 취사선택하느냐 하는 점일 것이다.

얼마나 많은 설명들이 있는가?

이해한 것만 설명할 수 있음은 자명하지 않을까?[3] 프루 탈보트(Prue Talbot)와 그 동료들은 포유류의 난자를 둘러싼 두꺼운 세포층에 도달한 정자 중 극히 일부만이 실제 침투한다는 사실을 발견했다[4]. 대다수는 세포층 주변에서 멈춘다.

[2] Bromwich, P., Cohen, J., Stewart, I. and Walker, A.(1994) Decline in sperm counts - an artefact of changed reference range of 'normal'? *Br. Med. J.* 309, 19-22.

[3] 이 문제는 확실하지 않다. 독자 제위께서 토론해보기 바란다.

[4] Talbot, P., et al. (1985) Motile cells lacking hyaluronidase can penetrate the hamster oocyte cumulus complex. *Dev. Biol.* 108, 387-398.

맹렬히 움직이는 경우도 많지만 난모 세포를 향해 나아가지는 않는다. 두꺼운 세포층 사이에 있는 하이알루론산 포함 젤리(hyaluronic acid-containing jelly)를 관통하기 위해서는 첨체 하이알루로니다제(hyaluronidase)가 필요하다는 것이 정설이었다. 아마도 정확히 숙성되어, 첨체 반응이 일어난 정자만이 '뾰족한 말단' 에서 발산되는 효소가 있어, 침투가 가능할 것이다. 전자 현미경 검사용 절편으로 침투한 정자가 첨체 반응이 일어난 것인지 여부나, 외부에 머물러 있는 것들이 아직 미숙하거나(첨체 완성) 혹은 너무 노쇠한(첨체 소멸) 것인지 여부를 알아볼 수 있을 것이다. 기존의 문헌에 의하면, '우량한' 것들은 후추통과 같은 구멍을 가지고 있다(그러나 누적층을 침투하고 있는 정자에게는 보이지 않는다).

그렇다면 하이알루로니다제를 전혀 가지고 있지 않은 다른 종의 정자에게는 어떤 일이 일어날까? 표준적인 포유류의 난자에, 하이알루로니다제 없이 침투하는 정자와, 이와 이체동형임에도 침투하지 못하는 정자를 대조하는 실험을 설계할 수 있다면 확실히 도움이 될 것이다. 제노퍼스(*Xenopus*−아프리카 발톱 개구리−개구리 속)나 성게의 정자는 하이알루로니다제를 가지지 않은 것으로 밝혀져 있다. 그러므로 햄스터 정자와 누적세포층이 있는 햄스터 난자, 제노퍼스 정자가 서로 경쟁적으로 활동할 수 있는 배지를 설계할 필요가 있다(햄스터 난자는 실험하기에 가장 쉽고, 활동성이 큰 포유류 난자에 속한다). 이 배양기에서 하이알루로니다제가 없는 정자가 음성 대조군이 될 수 있는지, 그리고 햄스터의 수정이 정상적으로 진행되는지 먼저 확인해 봐야 한다(실험 계획안).

놀랍게도, 사실상 모든 제노퍼스 정자는 누적 세포층에 침투했다(이체동형의 햄스터 정자는 극히 소수만이 침투한다는 사실을 기억하라). 제노퍼스 정자(하이알루로니다제가 없는)가 침투한다면, 그들에게는 어떤 특이한/색다른 방법이 있을 것이다. 그래서 프루는 바닷물과 유사한 배지에서 성게에 대한 실험을 시도했다(다른 실험 계획안). 그들도 모두 침투했다. 만약 이종(異種)의 정자가 침투할 수 있다면, 어떤 이종의 세포에도 침투할 수 있을 것이다. 그래서 프루 그룹은 정자가 아닌 클라미도모나스(*Chlamydomonas*−식물성 편모충류의 한 목에 속한 단세포 동물의 통칭) 해조 세포(역시 하이알루로니다제가 없는)로 실험을 시도했다. 두 개의 편모로 평영을 하는 이들 식물성 단세포체 역시, 시간이 오래

걸리기는 했지만, '성공적으로' 침투했다.

이 실험은 수 없이 많은 거절을 당하고 여러 번 다시 쓴 후에야 겨우 출간되었다. 실험 결과는 수많은 다른 실험에서 극적으로 드러났던 수정의 특이성에 대한 일반적인 믿음에 극히 상반되는 것이었다. 탈보트는 재판(再版)을 볼 때서야 반(反)직관적인 실험 결과를 다르게 해석 할 수 있음을 깨달았다. 즉, 누적 세포층은 대부분 이체동형 정자는 들이지 않고, '무성(無性)의 대상' 에게 진입을 허용한다는 것이다. 그러므로 수정하는 정자는 우리 모두가 가정했던 대로, 특별한 암호를 계승 받아야 하는 것이 아니라, 그저 '무성' 즉 '눈에 띄지' 않으면 되는 것이다. 누적층은 정확한 암호를 갖추지 않은 모든 정자를 배제하는 문지기가 아니라, 틀린 암호를 대는 것들만을 차단하는 관리인이었던 것이다(어떤 암호도 대지 않으면 통과할 수 있다). 코헨(JC)은 그의 도태 이론을 탈보트가 시사하는 결과에 맞추어 수정했다[5].

설명이 없는 설명: RIC!

1980년 몇몇 신문이 이스라엘 전투기 조종사들은 딸을 낳을 확률이 85%에 달한다고 보도했다. 그리고 생식 생물학자(당시 이스라엘을 방문했던 코헨과 같은)들은 이에 대해 설명해 달라는 요구를 받았다. 같은 시기에 어느 인공 수정 클리닉은 대부분의 여아가 오른쪽 난소에서 나온 난자에서 태어나는데 반해, 거의 모든 남아는 왼쪽 난소에서 나온 난자에서 태어났다는 사실을 발견했다(초음파에 의한 배란으로, 한 쪽에서 배란된 난자를 이용하는 것이 일반적이다). 이 두 가지 기이한 현상에 대한 설명에는, 성별을 결정짓는 것은 난자가 아닌 정자라는 사실이 포함되어야 한다.

이러한 관찰에 대한 설명에는 두 가지 원칙이 있다. 매 사례에 있어 세부적, 인과적, 구체적이어야 하고, 입증과 분석을 위해 많은 실험과 연구가 요구된다는

[5] Cohen, J. and Adeghe, A. J.-H. (1986) The other spermatozoa: fate and functions. In *New Horizons in Sperm Cell Research* (ed.H. Mohri), pp.125-134. Japan Science Society Press, Tokyo.

것이 첫째 원칙이다. 다른 하나의 원칙은 무작위가, 곧, 균일하거나 골고루 분산된 것을 의미하지는 않음을 유념해야 한다는 것이다. 두 번째 원칙의 설명에 RIC(random is clumped[6]–무작위는 편재(偏在)될 수 있다)라는 그럴듯한 명칭을 붙일 수 있다. 어느 시대를 막론하고, 그럴 것 같지 않는 일들은 무수히 많다. 이스라엘 전투기 조종사들이 모조리 사내아이를 낳을 수도, 혹은 이스라엘 보병이 모두 푸른 눈을 가졌을 수도 있다. 어떤 수집 자료든 필연적으로 그러한 '편재' 의 요소를 많이 가지고 있다. 이들은 모두 일반적으로 무작위적인 변이에서 나온 것이고, 어떤 인과적인 기재와도 연관이 없다. 그들 중 20분의 1이 통계적으로 유의하다. 예를 들어, 쥐라기 시대가 시작될 당시에서 볼 때, 당신이 지금 이 자리에서 이 책을 읽고 있을 확률은 얼마일까? 당신이(한 개인으로서) 존재할 가능성은 얼마일까? 일어나고 있는 모든 일(보는 관점에 따라)들은 극히 희박하게 발생 가능성을 가지고 있다.

과학은 개별적인 원인에, 또는 편재가 일어나는 일반적인 면에 관심을 둔다. 우리는 통계적 편재로부터 인과적인 문제를 식별해 내는 방법을 알아야만 한다. 사실 인과적인 것이냐 아니면 단순히 편재된 것인가를 구별해내는 쉬운 방법이 있다. 인과적 설명은 동일한 비정상적 패턴이 계속해서 나올 수 있음을 예측할 수 있는데 반해, 이스라엘 조종사들은 지금부터는 계속 아들, 딸을 반반씩 낳을 수도 있는 것이다. 이런 경우 설명할 게 없다는 것이 설명이다. 같은 패턴은 의미가 있어 보이기는 하지만, 실상은 모집단의 규칙성을 보여주는 것뿐이며, 그럴 것 같지 않은 일들만 표집된 경우에 주목한 것이다. 타블로이드판 신문처럼 선정적인 매체가 생존할 수 있는 이유는 편집자나 독자의 이러한 오해 때문이다.

과학적 관찰이나 실험의 결과가 원래 설명하고자 했던 문제와 관련이 없어지는 경우가 종종 발생한다. 우리는 '이것이 지금 이 문제와 무슨 상관이 있는가?' 하고 묻게 된다. Box 10.1에 기술된 쥐의 복막 내 정자 실험은, 당초에는 사정액 중에 있는 '우량한' 정자의 비율과 관련되어 있는 것처럼 보였다. 하지만, 비반복

[6] Cohen, J. and Stewart, I. (1998) That' s amazing, isn' t it? *New Scientist* 157, 24-28.

Box 10.1

쥐 복막 내의 정자

코헨의 연구팀은 1970년 말, 정액 샘플 안에 얼마나 많은 '특별한' 수정 가능한 정자가 있는지 평가하기에 정말 좋은 모델을 찾아낸 것처럼 보였다. 처음에는 쥐의, 그리고 이후에는 생식 능력이 있는 토끼, 생식 능력이 있는 사람, 생식 능력이 없는 사람의 정자가 임신한 경험이 있는 암놈 쥐의 복막강에 주입되었다. 대부분이 면역 방어 세포에 잡혀 먹혔으므로, 정자의 숫자는 크게 감소했지만, 매우 의미 있는 수가 살아남았다. 그리고 그 숫자는 거의 24시간 동안 유지되었다. 수백만 중에서 살아남은 수십 개의 개체는 대부분의 경우에 수놈의 생식 능력과 밀접하게 연관되어 있었다. 그러나 1982년 논문 심사 위원은 4시간과 24시간 동안 생존할 수 있는 확률을 알아내기 위해 대등한 정자 군을 식염수 속에서 실험해야 할 것이라고 제안했고, 우리 팀은 그 실험을 반복했다. 그런데 쥐, 토끼, 사람의 정자 중 그 어떤 것도 복막강 안에서 살아남지 못했다. 4시간 안에 모두가 사라졌다. 쥐, 식염수, 실험도구, 주사기 제조업체까지 바꾸었지만, 그 결과를 반복해 내지 못했다. 쥐의 복강 내에서 살아남은 정자의 슬라이드 350개를 가지고 있는 데도 말이다. 그리고 무엇이 잘못되었고, 무엇이 잘되었는지 지금도 알지 못하고 있다.

성은 결과에 영향을 미치는 다른 인자가 있음을 보여주었다. 저온 핵융합 방식 실험은 팔라듐/백금 전극에 흡착되는 수소, 중수소, 삼중수소 원자의 특성에 정보를 줄 것처럼 보였다. 그러나 현재 거의 모든 사람들은 모든 잉여 생산 에너지는 다른 물리적, 화학적 사건의 결과에서 비롯된다고 생각하고 있다(그리 놀라운 일도 아니다). 예를 들면 아주 천천히 분해 되는 팔라듐/백금 전극을 정제하는데 사용되는 에너지의 복구 같은 것이다. 이는 위의 예처럼 결과에 영향을 미치는 변인들을 배제하지 않았기 때문이 아니라 천천히 통제하지 않았던 실험 설계에 문제가 있었기 때문이다. 때로는 잘 설계된 실험도 예상치 못한 결과를 도출해 내는 경우가 있다. 이것은 그러한 복잡한 인자들이 실험이 실행되기 전에는 알려지지 않았기 때문이다(예－돼지에게 기생하는 회충(*Ascaris suum*), 뜨거운 물이 찬 물이 되기 전에 어는 것－10.4 단락 참조). 성공적인 관찰이나 실험의 결과를 보면 거의 항상 우리가 가진 아이디어를 실험하기 위해서 다른 매개변수를 수정하고 다른 변인들을 측정해야만 한다는 것을 보여주는데, 이것이 바로 제2장에서 설명했던 상황의 완성(complement of situation)이다. 즉, 성공적인 과학은 반복적이어야 한다(반복성이야말로 '참' 임을 다시 한 번 주목하라).

10.2 신뢰가능성

과학자들의 가장 눈에 띄는 속성 중 하나는 회의(懷疑)이다. 자신이 들은 얘기를 모두 믿고 싶어 할 수도 있지만(그리고 임상의는 자신의 환자를 믿는 데에서 출발해야 하지만), 매 세대의 사람들이 교과서에 있는 것을 그대로 믿는다면 과학은 진보하지 않을 것이다. 개개의 모든 주장은 다른 '알려진' 것(이전에)들과 대조해서 판단되어야 한다. 만약 어떤 사람이 염력으로 열쇠를 구부릴 수 있다고 주장한다면, 그를 믿기 위해서는 당신이 가지고 있는 모든 공인된 물리학적 지식을 버려야 할 것이다[7]. '과학은, 믿기 원하는 것만 믿어버리는 것에 대한 최선의 방어책이다' 라는 이안 스튜어트(Ian Stewart)의 금언을 항상 염두에 두어야 한다.

아이작 아시모프(Isaac Asimov)는 어떤 것을 신뢰가능성의 척도 상 어느 위치에 두어야 할지에 대해 좋은 본보기를 제시했다. 만약 동료가 당신의 사무실에 와서 자신의 책상에는 커피가 한 병 있다고 말한다면, 당신은 그를 믿을 것이다. 만약 그가 우라늄 한 병이 있다고 말한다면(그리고 당신이 화학 부문에 종사하고 있다면) 아마 당신은 이것도 믿을 것이다. 만약 그가 우라늄 235라고 말한다면, 당신은 놀랄 것이고, 부가적인 증거가 있을 때에만 그를 믿으려 할 것이다. 그가 우라늄 주위의 방어벽 덕분에 자신의 책상을 움직일 수도 없다고 한다면 아마 당신을 놀리고 있을 것이다. 그가 아스타틴 218이라고 말한다면, 당신은 믿지 않을 것이고, 그 물질의 반감기가 1.6초이고, 알파 입자로 비스무트에 충격을 가할 때에만 발생한다는 사실을 확인하느라, 누군가를 귀찮게 할 필요도 없다. 그는 틀림없이 공상에 빠진 것이고, 그걸 진짜로 믿는 것처럼 보이면 그는 정신과 상담을 받아야 할 것이다. 당신은 이것이 사실일 수가 없기 때문에 그를 믿지 않아야 한다. 그러니 역으로 당신이 상관에게 '믿을 수 없는' 결과에 대해 보고할 때라면, 당신은 이것을 믿을만하게 만들어야 한다.

[7] 물론 , 당신은 자신의 회의까지도 의심해 보아야 한다. 생각으로 열쇠를 구부리는 일이 가능할지도 모른다. 예전에는 원자도 가장 작은, 더 이상 분해할 수 없는 입자였고, 또 수세기동안 태양은 납작한 지구의 둘레를 돌고 있었다.

신뢰가능성의 척도는 보고자의 인지도에 따라 달라진다. 만약 당신에게 말하고 있는 사람이 당신의 상관과 같이 권위있는(믿을만한) 사람이라면, 보고자가 당신의 학생인 경우보다 믿게 될 확률이 높다. 마찬가지로 실험 결과의 설명에 있어서도 누가 보고를 하고 누구에게 보고를 하느냐에 따라 신뢰가능성의 범주가 달라진다. 실험 결과에 대해 단순히 설명하는 것만으로는 부족하다. 당신은 믿을 만한 설명을 해야만 한다. 보고자의 직급이 낮을수록 더 믿을만한 설명이어야 한다. 그리고 내용이 놀라운 것일수록, 상급자인 피전달자의 마음을 바꾸게 할 더 많은 증거가 있어야 한다. 최고 권위자이자, 존경 받는 생식 생물학자인 프루 탈보트조차, 제노퍼스와 심지어는 클라미도모나스까지도 햄스터 난자와 수정한다는 것을 저명한 간행물에 싣느라 엄청난 수고를 했다.

10.3 숨겨진 범위

관찰을 할 때나 실험을 통한 연구를 할 때, 우리는 '제대로 수행했다' 고 생각하고 싶어한다. 과학에 있어서 이것은 일반적으로 우리의 연구를 다시 반복하는 다른 사람들도 같은 결과를 얻어 낼 것이며(반복성), 그들이 매개 변수와 변인을 제대로 통제 했다면, 우리가 얻은 것과 같은 정도로 빈번하게 같은 결과를 도출할 것이라는 확신을 갖고 싶어 한다(신뢰도)는 것을 의미한다. 이스라엘 전투기 조종사나, 딸을 만드는 오른쪽 난소에 대한 관찰은 반복해 낼 수 없다는 점을 명심하라. 통계적 편재는 반복이 불가능하다. 또한 우리는, 다른 사람 역시 우리가(혹은 그들이) 도출해낸 일련의 결과를 근거로 A가 X에 영향을 주는가 여부에 대해 우리와 같은 결론을 주장하기 바란다. 그러나 문제는 그렇게 간단하지 않다. 때문에, 박사학위 논문이나 과학 논문에서 토의 부분의 시작이 그처럼 쓰기 어렵고 또 중요한 것이다. 이것은 모두 당신이 도출해낸 결과의 반복성과 신뢰도의 문제이며, 당신이 도출해낸 결과가 얼마나 가치가 있는가에 관한 문제이다.

당신 스스로를 속이기는 쉬운 일이지만 남을 속이는 것은 어렵다. 왜냐하면 좋은 과학자에게는 항상 결과의 선택이라는 요소가 존재하기 때문이다. 극소수의 과학자는 그래프에서 일부분을 조작하거나 적절치 못한 부분을 삭제함으로써

고의적으로 상대를 속인다(어떤 바보들은 전부를 조작해 낸다. 이것은 과학이 아니다. 그저 사기를 치려는 것일 뿐이다. 여기서 그러한 것이 어떻게 이루어지는 지에 대해서는 언급하지 않을 생각이다). 선택이란 전적으로 타당하며, 실제 필요한 것임을 깨닫는 것이 중요하다. 우리 스스로의 경험과 가까운 사례를 좀 들어보자. 당신은 일주일 동안 얻은 결과를 모두 버려야 할 상황에 처할 수도 있다. 당신의 큐벳은 버려지고, 오염되고, 이름표가 바뀌어져 있고, 다른 사람의 큐벳이 분광 광도계에서 측정되고 있는 것을 발견할 수도 있다. 혹은 실험용 쥐가 병에 걸려서 추위에 의한 스트레스에 대한 당신의 연구 결과에 영향을 줄 수도 있다. 혹은 교미 중인 개의 정자 수를 측정하는 중에, 샘플링 튜브가 꼬이거나 눌려지는 바람에 25번을 측정 했는데 7번만을 제외하고는 모두 망쳐져서 1ml 샘플을 얻지 못했고, 두 개의 제대로 된 샘플에는 정자가 없을 수도 있다.

결과 선택을 제대로 수행하는 데는 규칙이 있다. 만약 당신이 자신의 선택 기준에 따라 자신의 가설과 일치하는 옳은 해답을 기꺼이 틀린 답처럼 버릴 수 있다면 당신의 선택은 제대로 수행된 것이다(비록 당신이 버린 것 중에 옳은 해답이 없다 하더라도 - 대개는 없는 경우가 일반적이다). 이러한 규칙을 따른다면, 원칙적으로 당신의 선택이 결과를 편벽되게 하지는 않을 것이다. 결과의 선택에 있어 다른 규칙 하나는, 그것을 폐기하기 전에 주의 깊게 생각해 보는 것이다. 그것은 전혀 다른 종류의 실험이었을 수도 있다. 페니실린이 어떻게 발견되었는지 생각해 보라. 당신이 (지금) 폐기해 버리는 결과 중에는 당신이 가지고 있는 결과보다 나은 결과가 있을 수 있다.

실험이 의도와 다르게 진행 되어서 당신의 예측에 배치되고, 또 어떤 이유에선지 실패했을 때라면 결과를 폐기해야 한다고 생각하기 쉽다. 그러나 조금만 주의 깊게 분석해 보면, 당신이 측정한 통계치에는 없지만, 뭔가 있음을 발견하게 되는 경우가 있다. 암퇘지의 돼지 회충(*Ascaris suum*) 감염은 그 새끼 돼지들에게 같은 기생충에 대한 면역 반응을 일으킬 수 있다는 증명이 좋은 예가 될 것이다[8]. 첫 번째 실험은 매우 고무적인 결과를 냈다. 두 집단(감염된 어미의 한 배 새끼들과 감염되지 않은 어미의 한 배 새끼들)간에 차이가 있었던 것이다. 그러나 놀라운 점은 기생충에 노출된 어미의 새끼 돼지들은 체내의 기생충 존재량이 그렇지 않은 새끼 돼지보다 높았다는 점이다. 그러한 결과는 확인이 필요했고, 이에 실험이 반복되었다. 그러나 아쉽게도(특히 실험을 진행한 학생, 야프 뵈스(Jaap Boes)에게), 동일한 결과가 뚜렷이 나타나지 않았다. 저런, 두 번이나 실험을 했는데, 첫 번째는 긍정적이고 흥미로운 결과를 냈고, 두 번째는 반복에 실패했다! 이 국면에서 이것은 논문이 아니라 인생 경험에 대한 에세이 같아 보였다. 그러나 그룹 내 학생 중 하나인 섀너 코츠(Shana Coates)가 재분석을 실시한 결과, 평균치가 아니라 분산의 관점에서 보면 결과가 완벽하게 일치한다는 사실이 밝혀졌다. 감염된 어미의 한 배 새끼들은 돼지 회충에 노출되지 않은 어미의 한 배 새끼에 비해서 체내 기생충 존재량의 편차가 훨씬 적었다. 실험은 구제 되었다. 이렇게 실패라고 폐기해 버리기 전에 수 일 동안 자료를 재검토해 보는 것은 언제나 그럴만한 가치가 있는 일이다.

그러나 실험 설계에는 언제나 인식하지 못하는 사이에 편견이 끼어들곤 한다. 좋은 과학자란 그러한 편견을 남들보다 많이 지각하는 사람이다. 우리가 모든 가정들을 점검할 수는 없다. 그리고 그들 중 일부는 틀릴 수 있다. 염화나트륨이란 이름표가 붙은 새 병에 있는 것이 염화나트륨이 아닐 수도 있다. 그러나 이 모든 것을 점검하기엔 인생이 너무나 짧다. 그리고 염화나트륨은 실험이 제대로 되지 않을 때(결과를 내지 못할 때) 가장 먼저 점검해야 할 부분도 아니다.

화학이나 생물학 실험실에서 가장 흔히 발생하는 문제는 급수이다. 이스라엘의 바이츠만 연구소(Weizmann Institute) 내 몇 개의 건물에는 연구실용의 특별히 순수한 수원에 '이중 증류수' 라는 이름표가 붙어있다. 정자를 가지고 하는 면역

[8] Reported in Boes, J., Caote, S., Medley, G.F., Varady, M., Eriksen, L., Roepstorff, A. and Nansen, P. (1999) The role of maternal immunity in experimental *Ascaris suum* infections in young piglets. *Parasitology* 119, 509-520.

형광 검사법에서 이러한 물로는 정확한 결과가 나오지 않아서 코헨은 이 물의 맛을 보았다. 끔찍했다! 수원을 추적해 보니 수지 기둥 여과기를 거친 이후에 증류되고 있었다. 이것은 '위스키와 비슷하다' 고 코헨이 동료에게 설명했다. '수지는 거의 모든 이온 화학적 성질을 빼내고, 대신 많은 생화학 작용을 첨가한다. 기둥에 서식하는 박테리아는, 특히 빛을 받으면 다당류와 소량의 단백질, 그리고 그 외(대개 복합적이고, 착색된) 유기물을 분비한다. 이것은 위스키 제조와 흡사하다. 위스키 제조에서는 무기물이 거의 없는 순수한 용천수를 이용하며, 유기 화합물을 더한 뒤 증류한다. 이 많은 유기물과 그 분해물이 위스키와 연구실 물의 단일 증류과정을 통과한다.'

초기 인공 신장 투석 막의 혈액 응고 특질에 있어 나타나는 변이성의 많은 부분이 그러한 물에 세척한 데에 기인한다(밤새 급수조에 남아 있던 '증류' 수와, 그보다 나은, 방금 여과된 증류수 간에는 결과가 다르다). 다른 많은 연구소에서 물은 예를 들어, DW(distilled water - 증류수)라고 표기되어 있다. 그러나 사실은 멸균되지 않은 수지 기둥을 통과해 나오는 수돗물인 것이다. 수지 기둥은 물에서 화학적 성질을 빼내고 - 수치는 20 메그옴 정도이다 - 많은 생물체를 추가시킨다! 물 공급은 전형적인, '음, 당연히 괜찮지, 모두들 쓰는 건데 뭘!' 라는 식의 문제이다[9].

또 다른 '고려의 대상으로 삼지도 않는' 편견은 권위에 지나치게 의존하는 데 기인한다. 거의 모든 경우에 '이것은 염화나트륨이다' 라고 하는 식이다. 영국의 대부분 지역에서는 전력이 규정대로 240 V가 아니라 230 V로 공급된다. 요즘과 같이 극소 전자 공학적으로 전력이 조정되는 시대에는 이것이 크게 문제가 되지 않는다. 대부분의 전원함이, 100에서 250 V 사이로 입력되는 모든 전력을 틀림없이 정확한 출력으로 조정해 주기 때문이다. 그러나 1980년대 이전의 많은 원

[9] 첨언하면, 용수를 위한 역삼투 장치를 통제하기가 더 쉽다. 그러나 생물학 실험에서는 완벽하게 정제된 물보다는 역삼투막을 한번 통과한 물이 더 적절할지 모른다(특히 그 장치가 멸균된 상태가 아닌 경우). 물론 물이 생물학적 식염수나 박테리아 배지 같이 화학물의 용매로 사용된다면, 심지어 Analar 화학물에 포함된 무기 불순물의 농도가 정제 자체를 무의미하게 만든다.

심분리기는 가변 변압기로부터 작동하게 되어 있어서, 기술자가 세심하지 못할 때는 잘못된 속도를 냈다. 원심분리기가 너무 느리게 회전하게 되면(속도가 전압에 따라 일정치 못해서) 많은 인간 정자가 세척 시에 단단히 구상화 되지 못하여 유실되었고, 결과적으로 어떤 가족은 적은 자녀를 두게 되었다.

이 외에도 권위가 편견을 만들어 내는, 보다 직접적인 경우도 있다. '괜찮아. 내가 피펫을 씻어 놨어' 하고 말한 뒤라면 다른 사람이 그 일을 다시 하는 것은 무례한 짓이 되어 버린다. '제조사에서 노말스키(Nomarski) 현미경을 조정해 왔어. 건드리면 안돼' 라는 말은 아래 사람들의 뭔가 개선하고자 하는 의욕을 좌절시킨다(공장에서 대물렌즈는 약 1도 단위로 설정된다. 중심 조절 장치와 프리즘을 조절하면 극적으로 향상된 결과를 낼 수도 있다. 간단한 도구를 이용해서 두 시간 정도 끈기 있게 조절한다면, 0.1도 단위의 설정도 가능하다). '염화나트륨 병에 되돌려 놓은 것이 있나?' 라는 물음은 '절대 없습니다.' 라는 대답을 이끌어 낸다. 그러나 분명히, 많은 유능한 실험자들이 주걱이나 천칭 위에 남은 잔여물을 시약 보관 병에 되돌려 놓곤 한다.

실험의 결과나 일련의 관찰을 오도하는, 그러나 덜 노골적인 경우도 존재한다. 한 연구생이 태아였을 당시 자궁 내 위치에 기인한 암놈 쥐 행동의 미묘한 차이를 연구하고 있었다[10]. 태아일 때 자궁 내 위치가 두 암놈 태아 사이였다면(FF) 이 암놈 쥐는 성장한 뒤 다소 수동적이 되었으며, 두 수놈 태아 사이였던(MM) 암놈 쥐는 공격적이고, 명백히 남성적인 행동을 보이기 쉬웠다. 만약 암놈 태아와 수놈 태아 사이였다면(FM 또는 MF) 행동은 '정상적' 이었다. 연구생은 FM의 행동과 비교하여 MM을 연구했기 때문에, 주로 FF로부터 쥐들을 번식 시켰다. 이들 수동적 암놈들은 새끼들을 —모두— 매우 수동적이고 반응성이 적게 길렀다. 약 4세대 후에는, 선발 집단에서 당초 관찰되었던 MM의 공격적인 행동은 사라졌다. 본래의 특질은 더 이상 유효하지 않았고, 작업은 암초에 부딪혔다. 이것

[10] Turnock, M.E. (1993) 'The effect of stress and intrauterine position on reproductive function in the house mouse, Mus musculus'. University of Keele, UK, Ph.D. thesis.

은 세대를 걸쳐 사회적으로 보존된 특질이었을 뿐, 유전적인 특성은 아니었고, 결국 연구 계획은 좌초했다.

연구실에서 연구용으로 기른 동물을 이용하는 것은 행동(적어도 번식 행동)과 생리기능(예를 들어 온도 스트레스에 대한 반응성), 특히 면역(일반적인 기생충과 공생자에 대해 획득한 저항력/내성)의 많은 부분을 보장해 줄 수 있다. 이는 야생의 생물체를 이용하는 것과는 전혀 다르다. 가둬 두고 키우다 보면 극적인 유전적 변이를 가져오는데 몇 세대도 걸리지 않는다. 싱가폴의 국어(國漁)인 푸른 구라미(Blue Gourami) 트리코게스터 트리코프터러스(Trichogaster trichopterus)는(몇몇 우표에서 볼 수 있다), 거의 2피트(60 cm)까지 자라는 식용어로, 45 cm 이하의 새끼를 낳는 경우는 거의 없다(넓은 구역을 찾아서 지켜야 하기 때문에). 이 종(種)은 1924년 열대어 사육 취미용으로 미국과 영국에 수입되어, 동종 교배 되고(나도 이 물고기 치어 대여섯 마리 있었으면…), 조기 번식을 위해 어이없을 정도로 작은 어항 속에 격리되었다. 1946년 이 물고기는 8인치까지 자랐고 6인치 짜리 새끼를 낳았다(코헨은 돈을 벌려고 번식시켰다). 현재(1998년), 이 물고기가 5인치 이상으로 자라는 경우는 흔치 않고, 3인치의 새끼를 낳는다. 이것은 같은 종일까? 관상용이나 학생들의 연구용으로는 편리하겠지만, 연구 결과를 야생의 물고기에 대입하는 것은 신중을 기해야 할 일이다. 하지만, 아직도 이 물고기는 아주 권위적인, 트리코게스터 트리코프터러스라는 이름으로 불린다.

10.4 권위와 환원주의

쉽게 포착하기는 어렵지만, 역시 권위로부터 비롯되는 다른 편견이 있다. 실험 결과가 당신의 가설(이것은 A에 기인한다. 그러나 그 외 B라는 원인 역시 존재한다는 것을 인정한다)로 X라는 현상을 설명할 수 있게 만들어 준다 하더라도, 실험에 관계되는 A 외의 모든 인과관계 역시 당신의 결과에 영향을 미치고 있다. 당신의 상관이 A와 그 영향에 대한 권위자라면, 당신의 가설은 'A가 X를 유발한다' 의 형식이 될 것이다. 당신 실험실 옆에서 'B가 X를 유발한다' 는 가설을 증명하기 위해 B에 대하여 실험하고 있는 친구가 자신의 연구 결과를 확증하기 위해 당신의 연구 결과를 인용한다면 무척 당황스러울 것이다. 그러나 그녀는 '당연하지, A의 과잉 존재 상태에서 B가 X를 유발시키거든!' 이라고 말한다. 이런 문제는 당신들 넷이 술 한 잔 하러 가면 잘 해결될 일이다.

그러나 내용과 정황(content and context)의 효과는 이보다 더 어렵다. 1960년대에 '여성의 시간(Woman' s Hour)이라는 영국 라디오 프로그램에 한 청취자가 철제 제빙기에 든 뜨거운 물이 그녀의 냉장고 제빙 칸에 든 찬 물보다 빨리 어는 이유를 물어 왔다. 사회자는 냉장고 제조업체에 상담했고, 제조업체가 그렇지 않다는 답을 하자, 수 백 명의 여성들이 그렇다는 확인 전화를 했다. 프로그램은 냉장고 제조업체에 실험을 의뢰했고, 업체는 실험을 행했다. 찬 물이 먼저 얼었다. 더 많은 여성들이 '내 냉장고에서는 그렇지 않아요' 라며 전화를 했다. BBC 방송은 기술자 에릭 레이스웨이트(Eric Laithwaite)에게 조언을 구하였고, 실험을 의뢰했다. 그의 집 냉장고에 나란히 줄지어 들어선 제빙기에서는 뜨거운 물이 찬 물보다 먼저 얼었다! 반면, 연구실 냉장고에서는 물리학이 주도권을 잡았다. 찬 물이 먼저 언 것이다. 무엇이 이 같은 차이를 만들었는지 추리해보라(그 당시에는 냉장고가 자동적으로 성에를 제거하지 못했다는 사실을 유념하라). 에릭은 코헨에게 전화를 했다. 우리는 설명을 하나 만들어 냈다. 가정의 냉장고에서는 성에가 끼어 있어 철제 제빙기가 직접 냉장고의 전도성 금속과 닿지 못한다. 그러나 더운 물은 성에를 녹여서 제빙기의 열전도를 활성화 시킨다. 제조업체의 냉장고나, 에릭의 연구실 냉장고에는 성에가 거의 없다. 우리는 다른 제언도 들었다. 더운 물은 보다 활발하게 대류를 시작하고, 이는 열전도를 돕는 반면, 찬 물은 대류가 활발하지 않아 그 때문에 열을 잘 전도하지 못한다는 의견이었다. 당신이 과연 이것을 시험할 만한 실험을 설계 할 수 있겠는가? 위에 제시된 자료 중에 모순된 것을 찾는 것이 더 낫지는 않을까?[11)]

두 메커니즘 모두가 일어날 수 있다고(제조업체의 증거에도 불구하고) 가정해

[11)] 한 아프리카 학생이 독립적으로 이를 발견한 후, 이를 Mpemba 효과라 불렀다. 다음을 참조: the URL www. physics.adelaide.edu.au/-dkoks/Faq/General/hot_water.html. Auerbach, D. (1995) Supercooling and the Mpemba effect: when hot water freezes quicker than cold. *Am. J. Physics* 63, 882-885.

보자. 우리는 지금 하나의 현상에 대해 두 가지 설명을 가지고 있다. 어떤 것을 선택해야 하는가? 여기 포퍼(Popper)가 제안한 몇 가지 지침이 있다. 먼저 가능한 가설을 모두 열거하라. 지금 뜨거운 물이 더 빠르게 어는 현상에 대해 두 개의 가설이 있다. 하나는 대류나 차가운 금속과의 접촉 때문이라는 것이고, 다른 하나는 결빙 장치를 가동시키는 냉장고 내의 스위치를 따뜻하게 해주기 때문이라는 것이다. 위에서 주어진 정보로부터 당신은 어떤 결론을 내리겠는가?

우주는 단일한 인과율(하나의 사건에는 하나의 원인이 있는)을 따르지 않는다. 그러므로 X는 A에 '기인한' 것이 아니고, 일정 경계의 위나 아래에 자리하는 어떤 변수(B, C, D…)에 의해서든지 일어날 수 있다. 매개변수라고 부르는 B, C, D가 충분히 있다고 확신함으로써 A의 인과성을 명백히 할 수도 있다. 이것은 과학적 관찰과 실험에 존재하는 일반적인 문제이며, 우리의 가설과 관련된 일반적인 상황에 대해 가지는 확신－선입견, 선례－과 연관되어 있다. 대부분의(모든?) 실험 설계는 '다른 모든 조건이 동일할 때(ceteris paribus)' 라고 가정한다. 실험의 전체 구성(예를 들어 분산분석법(ANOVA－analysis of variance)의 사용)이나 각 부분에서의 정황은 동일하기 때문에 '내재적인 차이' 만을 연구한다는 것이다. 이것은 우리의 사고를 환원주의, 분석적 가설로 이끄는 한편, 우리가 관심을 가지는, 시스템의 일반적 관계나 본질적 내용으로부터 멀어지게 한다.

이러한 생각은 우리를 오늘날 과학 분야의 가장 큰 화두인 환원주의 문제로 이끈다. 가장 소박한 형태의 환원주의 철학은, 생물현상은 실재로, 근원적으로, 기본적으로 화학 작용이기 때문에 생물학적 사건은 화학용어로 설명되어야 한다고 제안한다. 이것이 생물학적 문제에 대한 화학적 설명에 권위를 부여하고 있다. 이 때문에 생화학이 생물학자 사이에서 그처럼 명예로운 지위를 누리고 있는 것이다. 즉, 생화학적 설명이 대개 '더 낫고' , 더 만족스럽다는 것에 의견의 일치(매우 강력하게)를 보이고 있다. 큰 가시고기(스티클백; stickleback)가 경쟁자인 수놈에게 과시하는 행동을 하는 것은 이 물고기의 유전자가, 목에 붉은 색을 띠게 하는 효소와, 공격성을 유발하는 펩티드를 조성하는 단백질, 눈에 색채를 가하는 적색 수용체에 유전 정보를 전달하기 때문이라고 말한다고 가정해 보자. 오늘날에는 이런 식의 설명이, 텃세나, 게임이론, 진화론적 우위와 같은 설명보다 '완전하고', '과학적인' 것으로 받아들여진다. 우리가 화학적 성질을 물리학으로 수렴시켜, 칼륨염의 전자 궤도에 대해 이야기한다면, 마치 '진정한' 인과 관계에 보다 근접해 있는 것처럼 본다는 것이다. 이 철학의 최고 개념은 물론 '만물 이론(the theory of everything)' 이다. 이 이론은 우리가 보는 모든 인과 관계의 근원에 모든 물리학적 현상을 한 개의 개념으로 연결시키는 방정식으로 표현 될 수 있는 심오한 체계가 있다고 제안한다.

이후, 몇몇 사상가들은 과학이 점점 더 적은 아이디어로, '하향' 수렴되지 않으며 오히려 그 반대라고 깨닫기 시작했다[12]. 큰 가시고기의 눈에서 적색 반응 색소를 만들어 내는 유전자에 대해 연구하던 과학자들은 색소가 유전자의 직접적인 산물이 아니라 6가지 각기 다른 유전자에서 비롯되는 6개의 효소로 합성되는 비타민 A 유도체라는 사실을 밝혀냈다. 어떤 것이 망막 세포로 하여금 붉은 색을 수용하는 기능을 가지도록 하는지 알아내기 위해서는, 녹색 수용체 세포와의 비교를 통해서, 적색 수용체 세포에 작동하는 다른 유전자에 대해 알아야 할 필요가 있다. 이에, 세포 자체는 적색에 반응하지 않음이 밝혀졌다. 붉은 색과 푸른 색, 노란 색에 반응하는 것처럼 보이는 우리 인간의 눈과 마찬가지로, 그 물고기의 광수용 색소는 그들의 반응성에 있어 상당 부분이 중복된다. 그러므로 큰 가시고기의 망막과 시개(視蓋－뇌의 첫 번째 시각 영역)는 붉은 색을 수용하기 위해서 뭔가 평가 과정을 거쳐야 한다. 망막 내의 신경계와 시신경과 뇌와의 연결은 발생기동안, 또 체계가 기능하는 동안 수컷에 따라, 또 번식기에 따라 달리 설정된 것이다. 즉, 수많은 유전자가 상호작용 하는 복잡한 과정인 것이다.

그러나 문제는 이것이 아니다. 만약 우리가 큰 가시고기의 '적색' 인식에 대해 설명하고자 한다면 한 명의 권위 있는 물리학자나, 한 명의 권위 있는 화학자가 필요한 것이 아니라, 빛의 흡수, 광수용 세포의 파괴, 이들 세포의 재생, 신경 자극으로의 변화에 대해 설명해 줄 열 명의 다른 전문가가 필요하다. 그런 연후에 왜

[12] Cohen, J. and Stewart, I. (1994) *The Collapse of Chaos; Simple Laws in a Complex World*, Penguin, Viking, New York.

일련의 신경 자극이 다른 두 개는 감소하면서, 진동수는 증가하여 뇌에 '적색' 이라는 명령을 내리는지 설명해 줄 의사소통 전문가가 필요하다. 물리학의 궤적을 따라 수렴되어 '내려' 갈수록 점점 적은 수의 전문가가 필요한 것이 아니라 점점 많은 수의 전문가가 필요하게 된다. 이것이 환원주의의 악몽이다. 생물학에서 화학, 물리학으로 이르는 환원은 인생을 점점 더 간단하게 만드는 게 아니라 더 복잡하게 만든다. 전문 지식 분야는 점점 더 많아지고, 따라서 더 많은 논문의 출간, 한 없이 긴 보고서에 의해 과학 분야가 발전하면서 생화학자들은 더 유리한 입장에서 출발하게 된다. 생물학의 모든 현상은 생물학에 대한 논문보다 화학에 대한 논문을 더 많이 산출해 낼 수도 있다. 따라서 생화학 분야가 훨씬 높은 지위를 누리게 되는 것이다. 생화학이 더 복잡한 것처럼 보이며, 심지어 고결한 수학 방정식까지 포함하고 있다. 그러나 그 근저에 이해할 만한 하나의 방정식으로 수렴될 징조는 전혀 보이지 않는다.

이와 똑같은 오류를 범하고 있는 것이 모든 인간 종족의 '근원' 에, 우리 모두를 생기게 한 아담과 이브가 있다고 믿는다는 점이다. 그러나 아주 잠깐만 주의를 기울여 보아도 우리의 조상이 수렴되지 않고 발산 한다는 사실을 밝힐 수 있게 된다. 당신은 두 명의 부모, 네 명의 조부모, 일곱 명의 고조부(한 번은 사촌 간 결혼으로) 등이 있는 것이다. 아담과 이브 철학이 교회의 권위에서 비롯된 것과 마찬가지로, 환원주의 철학은 선임 과학자들(예를 들어 박사 논문을 심사하는 사람들)의 권위에서 비롯되었다.

10.5 설명의 순환과 조직화의 단계

관찰과 실험에 대한 설명, 그리고 그로 인해 획득한 과학적 지식이 그 정의의 내용과 정황에 좌우된다는 사실을 당신이 납득했기를 바란다. 작은 물고기의 색상 표현과 같은 간단한 현상도 여러 각도에서 '해석할' 수 있는 것이다. 그러나 이것들은 방향성이 있기 마련이다. 어떻게 일어났는가를 기술하기 위해 하향(화학과 물리학으로) 할 수도 있고, 왜 일어났는가를 기술하기 위해 상향(보다 생물학적으로) 할 수도 있다.

그림 10.1은 이 순환을 보여준다. 우리는 현재 DNA에 관하여 많은 것을 알고 있다. 게놈(genome)에 대해서도 상당 부분을 밝혀냈다. 현대 생물학 만세! 이제 관심은 어떤 유전자가 언제, 이러한 통제 하에 전사되고 있는가 하는 트랜스크립톰(transcriptome)의 문제로 넘어 갔다. RNA의 번역으로 생성되는 단백질은 정확히 중첩 되어 역할을 수행할 수 있도록 도와줄 다른 단백질(샤프롱; chaperone－동반 보호자)이 필요하다. 그래서 이 그림의 모든 화살표는 양방을 가리킨다. 즉, 영향이 쌍방에 미친다. 사실 이것들은 하부구조로 되어야 한다. 조직들의 각 단계는 그들 자신의 내용(content)에 따라 정황(context)을 만들어 내기 때문이다. 그러므로 세포는 단백질을 만들기 위해 자신의 단백질을 이용하고, 조직은 조직을 만들기 위해 세포가 적절히 분화하도록 화학적 자극을 준다. 하나를 제외하고는 모두가 그렇다. 개체군은(진화를 통해) DNA에게 영향을 주지만, DNA가 개체군에게 주는 영향은 일 개 개체를 통해서만 증명되어야 한다(생화학, 세포, 생리학적 경로로).

설명의 관점에서 '어떻게' 라는 문제(기계적인 설명)에 대한 대답은 반시계 방향으로 진행함으로써, 그리고 구조의 하위 단계와 관련지음으로써 얻어진다. 그러

그림 10.1
생물학의 순환

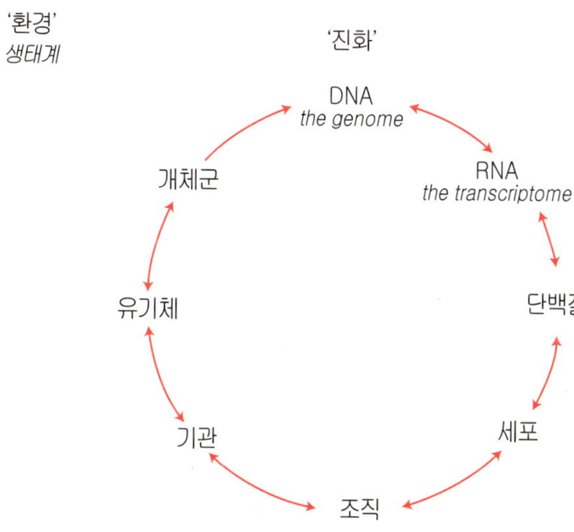

므로 생리학은 기관의 기능에 의해서 설명되고, 기관의 기능은 조직과 세포 단계의 현상으로 설명될 수 있을 것이며, 이것은 또 단백질에 대한 설명, 그리고 결국에는 DNA에 대한 설명으로 갈 것이다. 그러나 DNA는 시작점이 아니다. DNA 자체도, 최적의 생리적 특징을 지닌 개체가 가장 잘 적응하게 되어있는 상황에서, 개체군(특정한 환경 조건에 있는) 내에서 경쟁을 통해 나타난 진화 과정에 의해 한정되기 때문이다. 이렇게 설명은 순환하면서, 상위의 단계를 입증할 보다 깊은 이해의 과정을 제공한다. 우리가 이 순환고리에서 벗어나 어느 한 단계의 메커니즘을 구체적으로 파고들 때, 환원주의의 악몽은 시작된다.

'왜' 라는 질문(기능적 설명)은 시계 방향으로 진행하면서 찾을 수 있다. 인간 집단(그리고 그 환경) 안에서 생존해야 하는 인간을 창조하기 위해 필요한 RNA와 단백질, 세포 조직 등을 만들기 위한 DNA를 우리는 가지고 있다. 그러나 회로는 '우리에게는 DNA가 있다. 왜냐하면 우리가 그 DNA를 가지고 있으니까' 라는 식의 '그럴듯한 이야기(just so story)' 에 의해 완성되어야 한다. 왜 우리는 우리한테 있는 게놈을 가지고 있는 걸까? 대답 1 (시계 방향): 인간의 진화가 이런 방향으로 진행되어 왔기 때문입니다. 대답 2(반시계 방향): 우리는 DNA가 만들어내는 단백질이 필요하기 때문입니다(만일 조금이라도 틀리면 우리는 인간이 될 수 없다). 명백히 대답 1이 더 만족스럽다. 이것이 바로 어느 수준까지 밝혀주는 설명이다.

다소 막연하기는 하지만, 어떻게 각 단계가 상호 연결되는지를 보여주는 실례가 있다. 열 충격 단백질(HSP90) 중 하나는 다른 모든 열 충격 단백질과 마찬가지로 샤페로닌(chaperonin－체내에서 다른 단백질 분자의 형성을 돕는 단백질)으로만 여겨졌다. 즉 개체가 온도 변화에 스트레스를 받게 되면, 이 단백질은 다른 단백질을 안정시키고 형태를 유지하도록 돕는다. 그러나 HSP90은 이보다 더 많은 작용을 한다는 것이 밝혀졌다. 고도로 진화되었음을 보여준다. 단백질은 돌연변이 할 때 그대로 놔두면, 다른 형태로 바뀐다. 그러나 HSP90은, 여러 번 돌연변이 할 때조차, 원형이 유지되게 제어하는 것 같다. 그리하여 이러한 변이가 표현형으로 드러나지 않게 한다. 그래서 HSP90은 '진화 축전기' 라 불리어 왔다. 전기를 저장하는 전기적 축전기와 같이, 돌연변이는 저장되고, 진화를 위한 연료가 필요할 때, 즉 HSP90이 열과 여타 스트레스에 대적해야 할 때 방출되고 표현된다. 개체가 스트레스를 받으면, 진화가 그것을 최대로 이용할 수 있을 때에만, 숨겨진 돌연변이성이 표출되는 것이다. 이러한 예는 설명을 위해 우리가 이용했던 회로가 단지 손가락 운동만이 아니었음을 보여준다. HSP90의 기능은 이러한 회로에서 나오는 정황에서만 찾아 낼 수 있기 때문이다.

10.6 더 나은 설명

환원주의 악몽이 이 소박한 권위적 환원주의를 신뢰할 수 없는 적절한 이유가 안 된다 하더라도, 체제의 상방으로 또는 하방으로의 인과관계를 읽어내는 데에는 또 다른 문제가 있다. 크렙스 회로(Krebs cycle－유기물 대사 회로)는 '저 소는 저 풀을 먹는다' 라는 명제의 화학적 원인이 된다. 이것은 상위 단계에 있는 현상이 그것의 기초를 이루는 일련의 인과 관계에만 한정되지 않는다는 것을 보여준다. 즉, 현상들은 단일 원인에 기인하지 않는다(X를 유발하는 A, B, C가 있다는 사실을 유념해야 한다).

섬과 육지를 연결하는 다리를 생각해 보자. 이것은 밧줄이나, 강철, 혹은 콘크리트로 만들어 질 수 있고, 이런 유의 재료 없이도 만들어 질 수 있다(예를 들면, 터널). 이것은 고려할 가치가 없다. 왜냐하면, 다리의 속성, 다리다운 것은 본래적으로 다리는 무엇으로 만들어졌는가 하는 문제에 기인하기 때문이다. 이와 유사하게 큰 가시고기는 붉은 색소나 공격성을 유발하는 호르몬에 있어서, 다른 여러 가지 가능성을 가지고 있을 수 있다. 어떤 원인 때문이든, 번식기에 있는 큰 가시고기 수컷은 다른 붉은 목 수컷에 대해 공격적이다. 기저에 있는 원인과 메커니즘은 다른 것으로 대체 될 수 있다. '모든 의도와 목적의 대치 가능성' 을 법률가들은 '대체 가능성(fungibility)' 이라 부르며, 이것은 실험 과학의 철학에서도 유용한 개념이다. 만약 우리가 큰 가시고기와 같이 영역 표시 기제로 붉은 색상을 사용하는 다른 종류의 동물이 있을 수 있다는 데에 동의한다면, 붉은 색상을 영역표시기제로 사용하는 외계 생명체도 있을 수 있다. 이 외계 생명체는 DNA적 유전학에 기초 하지 않는다. 따라서 큰 가시고기가 그와 같은 행동을 하는 것을 DNA로 설명(편협한 설명)하는 것은 그다지 만족스럽지 못하다. 우리는 의사소통의 수단으로 색상을 이용하는 생명체에 대한 보다 일반적인 진술을 원한다. 다리가 여러 가지 용도에 따라 무엇으로 만들어 졌는가는 문제가 되지 않는다. 무엇이, 어떻게, 그리고 때로는 왜 만들어 졌는지가 문제인 것이다.

만약 우리가 생물학을 화학적으로 설명하지 않고, 혹은 물리학을 설명할 때 수학적 방식을 이용하지 않으면 어떻게 설명해야 할까? 이것은 중요한 질문이다. 왜냐하면, 큰 가시고기의 턱이 왜 붉은 색인가를 알아보기 위해 우리가 하는 일은, 어떻게 답할 것인가의 문제에 달려 있기 때문이다. 만약 우리가 찾는 해답이 환원주의적인 것이라면, 먼저 붉은 색소를 추출하여 그것을 분석하는 것과 같은 일에서 시작해야 할 것이고, 이것은 물고기를 음식 분쇄기에 집어넣어서 우리가 원하는 물질을 추출해내는 것과 같은 일을 수반한다. 이 스프의 일부에서 유전자를 찾아 볼 수도 있을 것이다.

만약 이 색상에 대해 좀 더 은유적이고 품위 있는 방법으로 설명하고자 한다면, 다음과 같이 특정한 정황에서 큰 가시고기의 색을 관찰해야 한다.

- 만약 그것이 세력권과 관련을 가진 변색이라면, 큰 가시고기의 영역 안에 색을 입힌 모형을 집어넣어 그들을 자극 할 수 있다.

- 만약 그것이 주기적인 호르몬 변화의 결과라면, 다른 호르몬을 주입하거나, 호르몬을 물에 녹이거나, 또는 호르몬에 매일 다른 영향을 줄 수 있다.

- 만약 그것이 수컷의 계급 결정에 관련한 문제라면, 수족관을 설치하고 암컷의 선택이나 수컷간의 싸움을 연출함으로써 수컷의 계급을 평가하여, 변색의 정도와 수컷의 지위와의 연관성 여부를 알아볼 수 있다.

- 만약 그것이 …

물론 이 목록은 끝이 없다. 무수한 정황 속에서 어떤 속성이든 나타날 수 있다. 우리가 어떻게 관찰과 실험의 결과를 적색 변색에 대한 정보에 추가할 것인가를 설명하면서 의도하는 바는, 사람들로 하여금 '그것은 여러 정보 중 하나입니다!' (— '그것은 우리 집 정원에 사는 울새와 같습니다')라고 말하게 만들려는 것이다. 보통 가장 좋은 방법은 한없이 늘어나는 원인과 메커니즘의 목록에 또 하나를 추가하는 것이 아니라 가능성을 제거하는 것이다. 가장 훌륭한 설명은 상대적이다.

노련한 과학자는 여러 가지 정황을 시도해 본 뒤, 어떤 것이 흥미로운 답을 제시하는지—영역인지 사회적 계급 다툼인지— 본다. 또는, 다른 방법으로 접근할 수도 있다. 나는 세력권제에 대해 이런 유의 질문을 던지고 싶어. 큰 가시고기를 이용해야 할까? 아니면, 울새? 야생 고양이? 야생 늑대로 해야 할까? 다시 강조하건대, 목표는 화학—내용(content)—으로 관찰한 바를 설명하려는 것이 아니고, 세력권이라는 정황(context)에 내분비, 주기, 음식, 배우자와 관련된 행동 등을 연계시키려 하는 것이다.

10.7 원인과 인과성

과학적 설명에 있어서, 인과관계에 대해서는 예측이나 검증보다 훨씬 모호한 문제가 있다. 적어도, 어떤 사건에 하나의 원인만 있다고 가정하는 것은 현명치 못하다. 그것은 선행되는, 또는 다수의 공통점이 없는 부수적인 사안들이 합쳐져 나타난 결과인 것이다. 과학의 세계에서 이것은 복합적인 관찰 실험 혹은 비계획적인 실험이라고 칭할 수 있을 분산분석류의 질문에 반영된다. 어떤 요인들이 각기 얼마나 결과에 영향을 미칠까?

'원인(cause)' 이라는 단어를 여러 용도로 사용하는 데서 많은 혼란이 야기된다. 중력은 물체 낙하의 원인(cause)이다. 중력이 없다면 물건은 떨어지지 않을 것이다. 이러한 방식으로 사람들은 단어가 전체 과학에서 의미하는 바를 잘못 받아들이고 있다. '흡연은 폐암의 원인이다' 라고 말할 때 의미하는 것은 흡연이 사람들의 폐암 유발 위험을 증가시킨다는 것이다(중력은 물체 낙하의 위험을 증가시키지는 않는다). 그런데 폐암이 담배를 피우지 않는 사람에게도 발병한다는 것을 발견하게 된다. 거기에는 다른 원인들이 있기 때문이다. 방사선도 폐암을 유발한다. 사실, 방사선에 노출된 사람은 담배를 피우는 사람보다 암 발병 확률이 높다. 개인에 대한 위험도는 방사선이 더 높은 것이다. 개개인에게 있어, 방사선은 흡연보다 더 중대한 폐암 발병 '원인' 이다. 그러나 방사선에 노출된 사람보다는 담배를 피우는 사람이 더 많기 때문에 전체 집단으로 볼 때는 흡연이 방사선보다 더 중대한 '원인' 이 되는 것이다.

광범위한 문제도 있다. 전체 집단과 개체 간의 상호 작용은 평균 범위와 그 범위에 포함된 것들 사이의 관계와 어느 정도 유사하다. 전염병학은, 개체의 행동과 개체군의 행동 사이의 관계와 같은 유사성을 보이는, 상대적인 위험도와 집단적 속성에 의한 위험도 간의 관계와 깊은 관련이 있다.

10.8 가설, 패러다임(paradigm)[13] 그리고 진보

9장 7절의 정자 경쟁 실험을 다시 읽어 보라. 과학 철학자인 포퍼(Popper)는 이미 이러한 생각을 해냈다. 그는 정자 경쟁 실험이 예상과 다른 결과를 나타낼 것이라는 것 때문에 이 실험을 승인했을 것이다. 또 과학 철학자 토마스 쿤(Thomas Kuhn)[14]은 기존에 있었던 패러다임 즉, 생물학자들이 정자 집단에 대해 생각하는 방식의 변화를 보여주는 실험이라고 보았을 것이다. 그는 이것을 동종의 개체군으로부터 이종의 개체군으로의 전환으로 보았을 것이다. 그는 그 결과를 읽음으로써 얼마나 많은 생물학자들이 생각을 바꾸게 될지 알아내는 데에 관심이 있었다(코헨에 따르면 많지 않았다, 30년 간 생식 생물학자의 약 삼분의 일 정도). 어떠한 것이 성공적인 과학인가에 대한, 좀 더 진솔한 연구가 철학자 라카토스(Lakatos)[15]에 의해 제안되었다. 그는 연구 프로그램이 진보적인지, 퇴행적인지를 물었다. 진보적인 프로그램은 흥미로운(의식 변화의 가능성이 있는) 결과를 생산해 내는 새로운 실험을 계속적으로 창출한다. 반대로, 퇴행적인

[13] 역자주 : 특정 영역, 시대의 지배적인 과학적 대상 파악의 방법

[14] Kuhn, T.S. (1970) *The Structure of Scientific Revolutions*. University of Chicago Press, London.

[15] Lakatos, I. (1974) Falsification and the methodology of scientific research programmes. In *Criticism and the Growth of Knowledge*(ed. I. Lakatos and A. Musgrave), pp. 91-196. Cambridge University Press.

프로그램은 새롭고 흥미로운 아이디어를 탕진하고, 관련 과학자들은 계속되는 회의에서 같은 이야기를 되풀이 하게 된다.

정자 식별 프로그램은 명백히 진보적이다. 이 프로그램은, 원래의 실험과는 유사점이 없으나 널리 받아들여지는, 임상적으로 중요한 결론들을 다량 이끌어낸다. 가설은 여성기관 내 항체에 의해 차이가 생기는 두 개의 정자 집단으로 다듬어진다(Cohen과 Tyler 1980)[16]. 가장 큰 비판은 정상적인(감염되지 않은) 토끼나 인간의 생식 기관에서는 측정 가능할 만큼의 항체가 존재하지 않는다는 것이었다. 그러나 우리가 성적인 흥분 상태에 있는 생식 기관을 조사함으로써 연구 영역에 새 장을 열었다. 충분한 양의 항체가 분비될 뿐만 아니라 백혈구 세포의 여성 생식기 내 침윤이 두드러졌던 것이다[17]. 이것으로 건강해 보이는 생식기가 병적으로 판명(백혈구 때문에) 되는 도말검사의 오진 이유가 설명된다. 그래서 여성들은 2차 검사를 받아야 했고 이로 인해 비용도 더 들고 쓸데없는 걱정거리도 늘었던 것이다. 만약 우리가 옳다면, 정자가 존재할 때, 백혈구의 존재는 생리적인(정상적인) 것이고, 병적인 것은 아니다. 우리는 인공 수정된 여성(과 토끼)의 자궁 경부 도말검사에 대한 일련의 관찰을 계획하고 실험했다. 그리고(백혈구를 유도하지 못하는 정관 절제 수술을 받은 남성의 정자와 같은) 성적인 행동양식이 다른 요소들을 가지고도 실험을 했다. 이 새로운 작업은 진보적인 프로그램에 대한 라카토스의 기준을 완성시켰고, 오늘날 많은 연구실에서 이 기준을 따르고 있다[18]. 더 나아가, 임상 경부 도말검사 프로그램은 자궁 경부 내에 정자가 함께 존재할 때라면, 백혈구의 존재 때문에 여성을 다시 병원으로 부르는 일을 없앰으로써, 전 세계적으로 불필요한 비용과 쓸데없는 근심을 줄일 수 있게 되었다.

[16] Cohen, J. and Tyler, K.R. (1980) Sperm populations in the female genital tract of rabbit. J. *Reprod. Fertil.* 60, 213-218.

[17] Smallcombe, A. and Tyler, K.R. (1980) Semen-elicited accumulation of antibodies and leucocytes in the rabbit female tract. *Experimentia* 36, 88-89.; Pandya, I. and Cohen, J. (1985) The leucocyte reaction of human uterine cervix to spermatozoa. *Fertil. Steril.* 43, 417-421.

[18] Thomson, L.A., Barrett, C.L.R., Bolton, A.E. and Cooke, I.D. (1990) The leucocyte reaction of the human uterine cervix. *J. Reprod. Fertil.*, Abstracts 5, 12.

10.9 결론

주요한 결론은 설명은 좀처럼 설명하지 않는다는 것이다. 설명은 설명할 수 없다. 설명이라는 것은 존재하지 않는다(적어도 과학에서는). 만약 이 결론이 세련되지 못하고, 잘못되었고, 지나치게 일반화된 것이라는 생각이 든다면, 5살짜리 아이에게 왜 새들에게 날개가 있는지 물어보아라[19]. 설명은 각기 다른 수준의 신뢰가능성을 지닌 이야기들에 불과하다. 좋은 설명은 우리로 하여금 보다 잘 이해할 수 있게 만들고, 보다 폭넓은 적용 가능성을 가진다. 과학 그 자체는 그 순간의 가장 만족스런 이야기들을 모아 놓은 것에 불과하다. 궁극적인 목적은 이해에 있고, 이해는 대개 서로 정확히 부합되지 않는 동시 다발적인 여러 가지 '설명' 을 통해 이루어진다.

과학은 알려지지 않았던 사실(예를 들어 DNA의 존재, 샤프롱 단백질, 혹은 자연도태)을 발견함으로써, 그리고 잘 이해(예를 들어 DNA의 구조와 복제의 방법 혹은 HSP90, 적합성)함으로써, 또한 이들이 상호 작용하는 방법에 대한 일반적인 아이디어들을 생성(예를 들어 집단 내에서 DNA의 다양성을 크게 감소시키는 창시자 효과의 개념)함으로써 진보한다. 매 경우에, 만족스런 설명은 도입(관찰), 전개(방법과 결과), 결말(그러므로...)을 가진다. 당신이 이러한 구조 안에서 설명을 제공하기 위해 애쓰고 있다는 전제 하에, 설명은 모든 사람이 좋아하는 그러나 아직 아무도 들어 보지 못한 위안이 되는 이야기가 되어야 한다. 당신의 이야기를 듣는 사람들 중에는 이 이야기들로 인해 이해에 이르는 사람이 있을 것이고, 이로써 당신은 인간 지혜의 총량에 무게를 더하는 일을 담당하게 되는 것이다.

[19] 애들이 계속해서 '왜' 라고 질문하지 않는 한 '그래야 날 수 있으니까' 라고 대답해서는 안 된다.

Chapter 11 내용과 정황

Content and context

11.1 대학원생이 처한 정황

이 장은 원래 어떻게 하면 당신의 연구를 올바른 정황 속에 폭넓게 적용시킬 수 있는 지에 대한 조언을 주고자 하였다. 그래서 당신에게 과제와 관계있는 대중적인 책과 잡지들을 읽고, 다른 연구실과 연구팀을 만날 것을 조언하려고 했었다. 인터넷 백과사전은 당신 분야를 어떻게 기록하고 있는가? 기술 발전에 대한 정부의 견해는 무엇인가? 특히 의약이나 범죄학, 유전학적인 조작과 같이 대중적 관심이 높은 일을 하고 있다면, 이것은 대단히 중요하다.

그러나 이 두 번째 개정판의 초고를 쓰면서 학생들이 연구 자체에서 벗어나 시간을 가지고, 보다 폭 넓은 정황 하에서 자신과 자신의 작업을 돌아볼 필요가 있다는 생각에 이르렀다. 너무나 많은 학생들이 과학적 '정체성 위기'를 겪고 있기 때문에 뭔가 가치 있는 것을 말해야 한다고 생각했다.

여기까지 읽었다면 당신은 당신의 연구 프로젝트에 이미 깊숙이 들어와 있을 것이 분명하고, 적어도 대학원 2년차는 되었을 것이다. 이 시기에 있는 대부분의 대학원생은 자신의 프로젝트에 대해 의기소침해지기 시작하고, 마치 걸쭉한 콩스프 속을 허우적거리고 있는 듯한 느낌을 받기 시작하는 시기이다. 이 때 이러한 책을 찾아보는 것이 큰 도움이 될 수 있다. 그러나 그들이 찾고 있는 도움은 종종, 실은 지나치게, 구체적이어서 정작 필요한 전체적인 모습을 제시해 줄 수 없다. 우리가 당신의 프로젝트에 대해서 구체적인 조언을 할 수는 없지만, 전체적인 모습을 제시할 수는 있다.

다음에 나열한 문제들 중 어떤 것은 일반적이고, 어떤 것은 덜 일반적이다. 이들 모두는 우리 대학원생들이 경험했던 것이고, 또 극복했던 문제들이다. 여기에 나열한 목록들이 학생들이 겪은 모든 문제를 빠짐없이 나열한 것은 아니다. 또한, 우리 학생들만이 유난히 어려운 시간을 보냈다고도 생각하지 않는다[1].

11.2 당신이 직면할 수 있는 실제적 어려움의 목록

1. 당신은 지도교수와 서로 완벽하게 이해하고 있다고 생각했는데 실은 당신의 프로젝트 뿐 아니라 서로 간에 대해서도 제대로 알지 못하고 있음을 알게 되었다. 그래서 서로 피하고 있거나, 당신은 지도교수가 멍청하다고 생각하며, 제대로 가르쳐 주지도 않고, 또는 다른 학생과 불륜 관계에 있다고 확신한다.

2. 당신은 자신의 연구 분야의 학문적 위치에 대해 충분히 파악했고, 그래서 자신의 연구 결과가 나오기 전에 다른 사람이 먼저(열 팀 중 어느 하나가) 발표할지도 모른다고 두려워하고 있다.

[1] 우리는 또한 이것이 쉽지 않았기를 바란다.

3. 당신은 지도교수의 입장이 매우 이단적이고, 그 때문에 자신의 입장 역시 매우 이단적이라는 사실을 알게 되었다. 그래서 '제대로 된' 결과를 절대 얻어내지 못하게 되는 것은 아닐까 염려한다. 당신의 연구 분야에서 출판된 모든 연구는 당신이 견지하는 입장과 정반대이다. 그 분야의 다른 연구자와 당신 부서의 관계자들은 모두 비관적이다.

4. 당신은 자신이 사용하는 기구나 연구 재료가 매우 시대에 뒤떨어졌다는 것을 알게 되었다. 그래서 최첨단의 반짝반짝한 새 기계/장비를 쓰는 그룹에 고용될 가능성이 없어 보인다. 그래도 계속할 어떤 가치가 있을까?

5. 음악을 만들거나, 근사한 섹스를 하거나, 친밀한 연애 상대를 가지는 일이나, 광둥어를 배우는 것이나, 트램플린을 하는 것이 당신의 연구 과제보다 흥미롭고, 당신의 시간과 주의를 훨씬 많이 끈다는 결론에 이르렀다.

6. 당신은 편두통이나 두통에 시달리거나, 도서관에서(혹은 컴퓨터로 참고 자료를 찾다가) 잠이 들거나, 요란하고 힘겨운 소화불량을 앓고 있다. 아니면 당신의 친지/연인이 큰 수술을 받거나, 결핵이나 에이즈에 걸려서 전혀 연구에 집중할 수 없다.

7. 당신은 자신의 수학적, 통계적 기초 혹은 논문작성의 기초가 당신 연구 그룹이 기대하는 바와는 전혀 맞지 않음을 발견했다. 그래서 동료들에게 계속 쩔쩔매고 있다.

8. 연구비가 떨어져서, 기구가 고장 나서, 다른 학생이 유기물 공급 업체를 가로채서, 혹은 기름 유출로 바닷가에서 직접 유기물을 수집할 수 없어서, 당신이 첫 해에 했던 실험을 계속 할 수 없게 되었다.

9. 당신은 연구 그룹의 다른 구성원들이 모두 당신보다 똑똑하고, 유능하고, 팀 내에서의 인간관계가 원만해서, 당신같이 외톨이나 무능한 사람은 갈 곳이 없다고 느끼고 있다. 혹은 당신의 유창한 새 언어 구사력이 업무에 도움이

될 거라 생각했는데 사실은 그렇지 않았다.

10. 당신이 임신했거나, 배우자가 임신했거나, 파산했거나, 부모님이 헤어져서 그 중 한분과 함께 지내야 한다거나, 범죄 행위로 체포되어 감옥에서 수개월 또는 수년을 보내야만 한다.

지금까지의 경험에서 보면, 대학원 학생들은 이 모든 일을 성공적으로 극복해 왔다. 몇몇 경우에는 연구를 그만두는 결정을 해야만 했다. 그러나, 계속 하고 싶다고 생각하면, 잠깐 쉬는 시간을 가지거나, 주제와 관련된 책을 읽거나, 컴퓨터를 하거나, 몇 주, 몇 개월, 몇 년 후에 다시 연구를 시작하는 일도 가능하다. 다른 연구실에서 몇 주 혹은 몇 달을 보내는 것이나, 같은 주제로 다른 연구 재료를 써보거나 아니면 같은 재료를 사용하면서 연구 질문을 바꿔 볼 수 있다. 계속 읽어 나가라. 왜냐하면, 당신이 주어진 정황 하에서 당신 자신의 연구를 볼 수 있다면, 이 모든 문제들은 연구에 적합한 형식으로 변환되어 해결될 수 있기 때문이다.

11.3 정직과 부정직

진짜 문제는 데이터나 결과의 변조가 아니다. 문제는 과학이 무엇에 대한 것인가에 관한 오해로 잘못된 세상, 잘못된 결과, 잘못된 우주를 만드는 데에 있다. 가장 일반적인 문제는 다른 사람들에게 불합리한 기준을 강요함으로써 오해를 조장하는 사람들에 있다. '당신이 스미스(Smith)와 브라운(Brown)의 책을 주말 동안 읽고, 월요일에 나에게 설명하겠다고 약속했잖아. 그래야 금요일 회의에 맞추어서 수요일에 우리 작업을 다시 해 볼 수 있으니까 말이야!' 이것은 중압감을 느낀 학생들(때로는 학생들에게 압력을 받는 지도교수가 되기도 한다)로 하여금 결과 비슷한 것의 조합을 만들어 내게 한다.

거짓으로 세워진 우주가 논문에 드러나는 일은 거의 없다. 이것은 마음 속에 있기 마련이다. 다른 사람들과 논의했기 때문에 어쩔 수 없는 처지가 된 마음 속에 말이다. 이러한 부정직이 드러나는 경우가 두 가지 있다. 첫째로, 보다 덜 일반적인 경우로, 학생들이 결과를 조작하는 경우이다. 경험상, 좋은 지도교수는, 결과가 조작된 것임을 알게 되었을 때(얼마나 자주 이것을 밝혀내지 못하고 지나치는지 알지 못하지만), '만약... 라면 어떤 결과였을까?' 라는 질문을 던져준다. '만약 세상이 정말 이러이러하다면...' 이라는 물음은 실험 이전의 통계적 연습이 무엇을 하는지 보여주고, 학생들을 크게 당황시키지 않으면서 생산적인 길로 다시 되돌려 놓는다. 결국, '만약 ...라면 어떤 결과였을까?' 라는 질문을 던져보는 것은 실험 설계시의 첫 번째 단계가 되는 것이다. 우리는 당신이 일련의 가능한 결과를 생각해 보고, 그럼으로써 진정한 결과를 보다 잘 이해하게 되기를 바란다. 실제적인 결과들 사이에 당신이 생각해 낸 가능한 결과를 끼워 넣고 싶은 유혹이 있기 마련이다. 얼마나 자주 이런 일이 벌어지는지 알지 못하지만, '자연스럽게 도출된' 것과 구분되는 조작된 결과를 밝혀낼 방법들이 있다. 대개 변이성에 주목하면 알 수 있다. 왜냐하면 평균을 위조하는 것보다 분산을 위조하는 것이 훨씬 어렵기 때문이다. 사실 실제적인 실험이나 관찰보다는 지프(Zipf)의 법칙[2)]을 만들어 내는 것이 훨씬 어려운 것처럼 말이다. 물론 학생들에게 왜곡된 데이터가 주어져서, 조작된 결과가 나올 수밖에 없는 경우도 있을 것이다. 만약 공동 연구자가 당신에게 조작된 데이터를 주었다면 어떻게 연구를 계속할 수 있을 것인가? 이것은 깊이 생각해 볼만한 가치가 있는 일이다. 왜냐하면, 이로써 당신은 참신한 분석적 접근법을 발전시킬 수도 있고, 데이터를 보다 잘 이해 할 수 있게 되기도 하기 때문이다.

두 번째, 보다 일반적인 조작은 선입견과 배치되는 일련의 결과를 숨기거나, 번연히 진실이 아닌, 그러나 학생은 진실이었으면 하는 가설을 만들어 내는 것이다. 이런 경우, 학생은 당면한 과제를 직면하지 못하게 되고, 연구는 주제로부터 멀어져 표류하게 된다. 학생들은, 어떤 수치를 조작해 내는 대신에 −유용한 연습이 될 수도 있고, 그것 자체가 유용할 수도 있다− 다른 연구자(특히 같은 팀 동료)의 입장에 맞추어서 당신의 입장을 왜곡하기도 한다. 이것은 과학이라 볼 수 없다. 믿고 싶은 것만 믿기 때문에 '나는 B대신에 A를 이용하기로 결정했어.

2) 웹사이트에서 지프의 법칙과 벤포드의 법칙을 찾아보라.

왜냐하면, X가 A기구를 늘 사용하니까. X는 나더러 그렇게 하라고 협박하거든.' 혹은 '나는 M과정이 실행 되게 하기 위해서 무척 노력했어. 열 번이나 해보았는데, 절대 내 생각대로 되어 주질 않네. 그래서 지난 6개월 간 P를 했는데, 결과는 참패야.' 학생들은 때때로 직면한 문제에서 멀어지고 싶은 유혹을 느낀다. 흥미를 끄는 컴퓨터 프로그램이나, 번쩍이는 새 생화학 기구, 혹은 고급 현미경에 유혹당하는 것이다. 새로운 절차로 열심히 일하지만 도무지 생각은 하지 않는다.

이 때 당신을 부드럽게 자료 앞으로 되돌아가게 이끄는 것이 지도교수의 일이다. 이러한 미학적 접근은 전혀 새로운 질문을 도출할 수도 있기 때문에 매우 주의깊게 다루어야 한다. 코헨은 한 파키스탄 학생을 알고 있는데, 그는 제브라(zebra) 물고기의 태아를 연구하고 있었다. 연구에 진척이 없어 묶여있었는데, 신혼여행을 다녀오고 나자(흔히 말하는 '신비로운' 결과로) 전혀 새로운 질문들을 끌어냈다. 다른 한 편으로, 실험도구, 현미경, 새로운 장치에 비생산적으로 '묶여 있는' 학생들은, 다른 학생들이 그것들을 생산적으로 이용할 수 있는 기회를 빼앗고 있는 것이다. 우리는 대학원 학생들로 하여금 그 주제에 대한 연구 프로젝트를 대학생들에게 가르치게 함으로써 생산적인 사고를 이끌어 내게 하는 데 성공하기도 했다.

11.4 대학원 연구는 무엇을 위한 것인가?

만일 대학원생들의 연구를 실패로 이끄는 수많은 뼈아픈 요인들이 존재한다면, 이를 개선하고 연구를 완수 하려고 하는 이유는 무엇일까? 왜 그냥 학사 학위를 가지고 세상으로 나가서 '현실적인' 직업을 구하지 않는가?

첫째, 당신이 과학과 연구에 헌신하기로 했다면, 거기에는 의문의 여지가 없다. 이것이 당신에게 주어진 길이고, 과학자로서 단련되기 위한 길이다. 다른 연구소로, 다른 팀으로 옮길 수는 있겠지만, 직업을 바꾸는 것은? 안될 말이다.

좀 더 실제적이 되어 보자. 영국이나 그 밖의 많은 정부는 젊은 세대의 절반이 대학 교육을 받게 하려고 노력하고 있다(이것이 얼마나 어리석은 짓인지는 논외로 하고). 때문에, 근사하고 재미있으면서 보수도 좋은 일을 구할 수 있는 기회는 적다. 이러한 현실은 당신의 석사 연구 프로그램이 실패하게 만드는 원인이 무엇인지 따위는 전혀 고려해 주지 않는다.

세 번째, 이것이 진정한 논점이다. 만약 당신이 과학자로 키워질 만큼 충분히 영리하다면, 그리고 잘못된 것이 수정될 수 있다면, 당신은 바로 수정해 나가는 경험을 통해서 발전하게 될 것이다. 무난하게 박사 후보가 되는 사람은 몇 안 된다. 그리고 정말 그렇다면 가는 길의 굴곡이나 급커브를 다루는 것이 바로 수련의 일부이다. 그러한 시도가 우리를 죽이지 않는다. 더욱 강하게 만든다.

이제, 당신의 연구 프로젝트의 내용 뿐 아니라 정황도 살펴보자. 연구에 관련된 사람은 여덟 명이다. 두 명의 박사후연구원(postdoctoral fellow), 세 명의 대학원생, 그리고 세 명의 기술 지원 직원(예전에는 기술자나, 비서, 혹은 개인 어시스턴트라 불렀다). 당신은 몇 번 본적 있는 대학생이 만들어 낸 문제에 착수한다. 그녀는 4년 전 연구비를 신청했다. 이것은 2년 전 약간의 삭감을 거쳐 받아들여졌다. 이로써 8명의 급료와 소모품비가 지급되며, 설비도 마련되었다. 연구비는 당신이 박사 학위 프로젝트를 진행하는 향후 3년간 이어질 것이다. 아마 당신은 여기에서 학위를 마친 후 이것을 결산해야겠다고 생각할 것이다(이것은 점점 일반화 되고 있다. 이러한 전례가 있어 왔고, 코헨의 전업 대학원생 중 두 명을 제외하고는 모두 이렇게 했다. 3년 안에 모든 것을 해내야 하는 것이다). 같은 주제에 대해 연구하는 그룹이 에딘버러에 하나, 피츠버그에 하나, 칠레에도 하나 있다. 당신은 이들에 대해서는 거의 아는 바가 없다. 그리고 아마 일본에도 연구하고 있는 사람이 몇 명 있을 것이다(당신은 이들 중 하나가 예일(Yale)에 1년간 체류하고 있다는 것을 알고 있다). 당신은 지금 2년차이다. 그리고 위에서 말한 이유(임신, 프램폴린, 투옥, 혹은 코바늘뜨기 세계챔피언십) 중 한 가지 때문에 잠시 쉬기를 원한다. 아마 6개월쯤, 아니 1년 정도면 더 좋겠다고 말이다. 그러나 당신은 지도교수에게 말을 할 수가 없다. 당신 말을 들어 줄 것 같지가 않다. 어시스턴트에게 말해 보았지만, 그다지 협조적이지 않다. 그녀는 당신이 이미 알고 있는 사실을 다시 말했다. 지도교수는 보조금 신청 안에 있는 사안을 약속한 시간 내에 해결해야 한다는 점에 더 신경을 쓴다는 것이다. 당신은 이러한 시기에 떠나는 것에 대해 몹시 언짢다는 생각이 들 것이다. 그렇지만, 당신은 연구팀에 합류하고 싶어 하는 새로운 대학원생을 알고 있을 수 있다. 혹은 피츠버그(이 곳은 코바늘뜨기의 중심지이다) 쪽에 합류하는 데 시간이 걸릴 수도 있다. 혹은 당신의 배우자가 직장이 없어서, 아기를 돌볼 수 있을 지도 모른다. 혹은… 혹은… 혹은…

당신은 이 모든 상황 속에서 어떻게 하는 것이 가장 좋을지 고민하고 있다. 이 모든 것들의 서로 다른 중요성을 고려해서, 판단을 내려야만 한다고 생각하고 있다. 걱정으로 두통에 시달린다. 물론 그럴 만하다. 당신은 책임감이 있는 사람이고, '다른 사람을 실망시키고' 싶어 하지 않는다. 여기서 우리가 도와줄 수 있다. 무엇이 최선인지에 대한 판단이 당신의 어깨에 걸려 있다고 믿기 때문에 당신은 괴로운 것이다. 그러나 그렇지 않다. 당신에게 장학금이 약속되었을/지급되었을 때, 이미 이 모든 가능성은 예정되어 있었다. 프로그램을 주관하는 주임교수를 포함해서, 그것을 운영하는 노련한 사람들은 이와 비슷한 일이 생길 수도 있다는 것을 알고 있었다. 그들이 당신에게 원하는 것은 복잡한 판단이 아니다. 그것은 그들의, 혹은 어시스턴트들의 몫이다. 당신이 해야만 하는 것은 결정일 뿐이다. 여러 옵션 중에서 선택하라. 대학원 신입생에게 그 자리를 맡고 싶은지, 비공식적으로 물어보라. 그런 후에는 행동 방침을 택하고, 동료들에게 당신이 어떤 결정을 했는지 알려라. 당신이 생각지도 못했던, 혹은 불가능하다고 생각했던 다른, 혹은 더 나은 옵션을 그들이 제공할 수도 있다. 어떤 경우라도 그들은 당신이 연구에 얽매여서 얼굴을 찌푸리고 있는 것보다는 결정을 내려주는 것을 더 기쁘게 여길 것이다.

판단 대 결정의 문제는 단 한 명의 주임교수가 있고, 대학원 학생이 한 명뿐인 경우에도 똑같이 유효하다. 결정을 내리고, 그에게 가라.

결정을 내림으로써 당신이 예견할 수 있는 미래에 취할 일련의 행동이 정해진다. 결정은 과거 상황에 의해 내려지는 것이 아니다. 당신은 장래에 다시 연구로, 혹은 같은 연구 주제로 돌아올 수 있을지 여부를 결정해야만 한다. 돌아올 것이라고 결정한 뒤에는 '유예' 라고 기록해(가능한 경우에) 달라고 요청하고, 스스로를 다시 돌아오는 시간에 대비시켜야 한다. 그리고 전공과목에서 뒤떨어지지 않게 준비해야 한다. 요즘은 어디서나 웹을 이용할 수 있기 때문에 이러한 일이 훨씬 쉬워졌다. 어떤 대학에서는 당신이 도서관으로 접속해 들어와서 전문 잡지에 접근하는 것이 가능하도록 만들어 줄 수도 있다. 만약 그것이 불가능하다면, 당신은 전문 잡지를 구독해야 할 것이다. 전문 잡지는 일반적으로 자신들의 웹사이트에 당신이 출입하는 것을 허용할 것이고, 거기에서 당신은 그 분야의 다른 잡지들을 볼 수도 있다.

결정을 내림으로써 당신이 해야 될 일은 이것 외에도 더 있다. 결정을 내리는 것은 당신이 잘못된 옵션을 골랐다고 말하거나, 생각해서는 안 된다는 것을 의미한다. 당신은 저울 위에 잘못된 품목들을 올려놓았었다고 느끼면서, 판단에 대해 후회할 수도 있다. 그러나 일단 결정을 하고 난 뒤에는 스스로 후회하지 않도록 만들어 가야 한다. 결정은 미래에 봐서도 경쟁력이 있어야 한다. 그러므로, 뒤늦게 뒤돌아보고, 그 때 몰랐던 것을 깨닫게 될 때라도, 그 결정이 옳았다고 회상할 수 있어야 한다. 이것은 인생 문제에 있어서도 좋은 원칙이 된다.

11.5 내용과 정황

우리는 당신이 위의 글을 읽으면서 '다행이다. 저런 일이 나에게는 하나도 일어나지 않았으니' 하고 생각하기를 바란다. 그것이 우리가 그러한 목록을 만든 이유다. 즉, 이 목록은 누구에게나 일어날 수 있는, 그러나 아직까지 당신에게는 일어나지 않은 모든 일들을 망라한다.

우리는 이 목록이 당신에게 다음과 같은 의문을 품어보게 만들었기를 바란다. '만약 내가 여기서 포기한다면 어떻게 될까?' , '그렇게 된다면 나나, 부모님, 배우자, 아이들에게 어떤 영향이 있을까? 내 동료에게는? 내 지도교수에게는? 우리에게 연구비를 준 사람들에게는? 우리가 연구하는 분야에는? 지구 전체에는?'

이렇게 함으로써 당신은 당신이 진행하는 연구를 정황적인 면에서 볼 수 있게 된다. 당신은 지금 신약이나 제초제의 효과, 신자기 합금, 양자 역학에 적용하기 위한 새로운 수학 공식, 불임환자 집단에서 채취한 정자 또는 곧 퍼질 것 같은 전염병 진단 기구에 관해 연구하고 있을 수 있다. 이 모든 것은 서로 다른 시간의 척도를 가진다. 어떤 것은 매우 긴급하지만 절박하지는 않고, 어떤 것은, 진단 기구와 같이, 절박하지만 긴급하지는 않은 것도 있다(그 일을 하는 다른 기구가 있을 테니). 대부분 연구 프로젝트를 취소하거나 연기하게 되면 학생은 지대한 영향을 받는다. 또한 착수된 연구의 결과를 얻어내고, 논문을 발표하고, 연구비 계약을 만족시켜야 하는 지도교수의 평판에도 큰 영향을 줄 것이다. 어떤 연구 프로젝트는 관련된 분야가 대단히 넓고, 이런 경우 당신이 중대한 문제를 다루는 유일한 사람이거나, 혹은 스스로 그렇다고 믿고 있다면, 지도교수에게는 물론이고 다른 학생들에게 그 문제에 대해 이야기해 보라. 그렇지 않을 것이 분명하다.

연구를 정황적으로(전후 관계 안에서) 보는 연습은, 연구를 계속할 수 있을지의 두려움 때문에 생각해 보았다 하더라도, 논문의 서론이나 구술시험을 위해 가장 유용한 준비 과정이 될 것이다. 대다수의 논문에는, 내용 선택의 폭을 엄청나게 넓혀주는 이러한 정황적 통찰이 빠져있다. 그러니 이제 당신의 연구 주제에서 한 발자국 물러나서, 당신이 하고 있는 것을 동료, 학생, 주임, 부모, 친구와 견주어 보라.

거의 모든 대학원생들은 자신들의 연구가 하찮은 것이라고 결론지어질 것으로 예상한다. 그러나 그렇지 않다는 것을 알게 된다. 그것들은 과학의 지식 기반에서 중요한 한 부분이 되는 것이다.

그리고 맺음말을 읽어 보라. 당신 연구의 가장 중요한 산물은 논문 안에 간직된 지식 면에서의 발전이나, 회의에 내놓는, 혹은 출판되는 자료에 있는 것이 아니다. 가장 중요한 산물은 당신 자신 안에서 일어나는 변화이다. 그리고 그러한 변화는 대개 장애를 극복하는 과정에서 생겨난다.

이 과정이 박사 학위를 취득하면서 끝난다고 생각해서는 안 된다. 이 장의 모든 내용은 나이와 자격에 상관없이 모든 연구실의 학생, 연구원들에게 적용된다. 사고와 배움에 대한 자기 평가의 과정을 절대 멈춰서는 안 된다. 내용과 정황 사이의 범위를 탐색하는 것은 연구란 무엇인가에 대한 물음에 있어 가장 큰 부분을 차지한다[3].

[3] 토마스 베이 목사님은 이 점을 명확히 알고 있었다.

아까 내가 너를 셌던가?

Chapter 12

대학원생들을 위한 제언(提言)

Notes for postgraduate students

12.1 어디서, 그리고 누구와?

이 책을 쓰면서, 지금까지 지도를 하고, 지도를 받는 대학원 학생들과의 경험을 광범위하게 인용했다. 이 책은 어떻게 연구를 행해야 할 것인지에 대한 지도서이지, 어떻게 당신의 인생을 제대로 살 것인지에 대한 지도서는 아니다. 하지만 대학원생들에게 야망을(포부를) 갖게 할 만한 내용을 포함시키는 것도 좋을 것 같다고 생각했다. 그 중에서 이 첫 부분이 제일 중요하다.

참여할 연구 그룹을 선정할 때는 신중하라. 첫째, 당신이 '팔아야' 하는 것이 무엇인지 자신에게 물어보라. 당신은 학부에서 좋은 성적을 거두었을 것이다(당신이 곧장 대학원 연구에 합류했다면 좋은 성적을 받을 예정일 것이다). 우리는 당신이 학사 학위를 받은 분야에 소질이 있을 때에만, 그 학문적인 연구를 계속하는 것이 합리적이라고 본다. 즉 우수한 성적을 받아야 한다는 말이다. 이것은 1등급이거나, 2등급에서 최상위 정도의(높은 수준의 종합 대학 혹은 단과 대학에서) 우수한 성적을 받아야 한다는 말이다. 잠시 대학을 떠나 실질적인 일을 한 것도 플러스로 작용한다. 다른 사람이 비용을 대는 여행을 하는 것도 어느 정도 플러스가 될 수 있다. 당신이 학부에서 한두 개의 '연구' 프로젝트에 참여했고, 이 과정에서 문제와 직면했으며, 여러 가지 면에서 도움을 받아 결국 정복해 냈다면, 그것은 최고의 플러스 요인이 될 것이다. 만약 연구에서 실패했을 지라도, 그것이 명백히 당신의 잘못이 아니었다고 생각한다면, 뒤로 돌아가서 3장 2절의 '행운' 에 대해 읽어보라. 그런 후에도 정말로 당신의 잘못이 아니었다고 한다면, 이제 다시 이 장을 읽어나가도록 하라. 이러한 경험에 대해 이야기할 준비를 하라. 이것이야말로 구두로 할 수 있는 자신의 유용한 판매 전략이 될 수 있기 때문이다. 당신이 그 프로젝트를 진행한 이래로 그 분야에 어떤 변화가 있었는지 찾아내라.

당신이 들어 갈 수 있는 자리의 사회적 형세는 어떠한지 알아보라(아마 당신을 담당하는 '직업 자문관' 은 제대로 된 조언을 줄 수 있는 사람은 아닐 것이다. 그가 어떤 직업을 가지고 있는지 생각해 보라. 과연 그가 좋아서 그 일을 하고 있을까?). 당신은 큰 그룹의 일원이 되고 싶은가? 안전하지만 따분한, 그리고 당신이 시작하지도, 주도하지도 않는 일을 하면서. 아니면, 작은 연못에서 노는 중간 크기의 물고기가 되고 싶은가? 당신의 지도교수는 그 학과에서 유일하게 당신의 분야에 관심을 가진 사람이고, 당신은 이번 연도의 유일한 대학원생이어서, 당신 마음껏 진행해 나갈 수 있는 여지가 있는 곳 말이다. 곧 다가올 인터뷰에 대비해서 혼자 생각해 보라. 여기에서 사는 사람은 누구이고, 파는 사람은 누구일까? 뽑아 달라고 애원하고 있지 않은가? 나는 평균보다 훨씬 나아서 그녀의 관심을 끌 수 있을 테고, 그러면, 솔직하게 숙소나 기타 다른 조건들을 내걸 수 있지 않을까? '그녀가 ...라고 물으면?' 과 같은 연습을 해 두면 대답을 미리 준비해 둘 수 있을 것이다. 만약 당신이 연습 없이 하는 대화에 능하다면 –많은 사람들이 그렇긴 하지만– 그럴 필요가 없겠지만 말이다.

금전적인 문제만 생각하는 태도는 버려라. 여유가 있는 사람들은 항상 당신에게 돈은 중요치 않다고 말한다. 그리고 그것은 사실이다. 돈은 공기나, 사랑과 같다. 일단 가지고 있기만 하면, 당신은 그것에 대해 걱정하지 않는다. 중요하지 않은 것이다. 그러나 이 세 가지 중에 하나라도 없다면, 균형 잡힌 상태가 아니다. 그래도 당신에게는 생각할 시간이 방해 받지 않을 수 있는 장소가 꼭 필요하다. 꽉 짜여진 하루 일과 속에서 잠시 틈만 생겨도, 즉, 버스나 기차 안에서도 혹은 밥을 먹거나 화장실에 있으면서도 충분히 생각하고 독서하는 시간을 가질 수 있는 사람도 있다. 그러나 조용하고 방해 받지 않는 시간이 꼭 필요한 사람도 있다. 당신의 숙소가 그러한 환경을 제공해 주지 못한다면, 도서관이 그렇게 해 줄 수 있을 것이다.

당신 가족이 학자들이어서 당신을 이해해 줄 수 있지 않는 한 그들과 함께 사는 것은 거의 항상 좋은 생각이 아니다. 대부분의 사람들은 당신이 혼자서 시간을 보내고, 몇 시간이나 무엇에 관해 생각하게 놔두지 않는다. 다른 사람들에게는 당신이 아무 것도 안하고 있는 것으로 보인다는 것을 잊지 말아라. 당신 어머니는 쇼핑을 해오라고 당신을 내몰 것이다. 집은 비용이 들진 않지만, 그곳에서 과학에 집중하는 것은 거의 불가능하다. 아니, 완전히 불가능할 수도 있다. 야간에 술집에서 일하는 것은 대학원생들에게 흔한 아르바이트이다. 그러나 당신의 두뇌는 당신에게 가장 중요한 도구임을 명심하라. 그것을 혹사하지 말라. 스스로 야심을 가진 올림픽 육상 선수라고 생각하라. 신체를 쓰는 대신 두뇌와 정신을 사용하는 선수 말이다. 당신의 정신을 단련시켜라(제1장). 그러나 신체 역시 잊으면 안 된다. 규칙적으로 운동을 하라. 럭비보다는 수영을 권하겠다. 아주 탁월한 경우가 아니라면 권투도 피하는 것이 좋겠다.

당신이 다른 나라나 다른 문화권에서 왔다면, 참여하기를 원하는 문화권의 연구자들과 교류하도록 하라. 이야기를 들은 적이 있거나, 웹 사이트에서 찾아낸 사람들과 전화, 이메일로 연락하고, 그 사람의 작업실에 방문해도 좋겠는지 묻고, 찾아가서 이야기를 나눠라. '우리나라에서는 그런 방식을 쓰지 않아요!' 나 '학부 때 선생님이 이런 일이 일어날 수 있다고 말씀 하셨는데, 직접 보게 될 줄은 몰랐네요!' 와 같은 이야기를 하는데 쑥스러워 하지 마라. 과학을 하는 방법은 너무나 많이 존재한다. 그들이라고 모두 효과적이고, 성공적이고, 진보적이지는 않다. 대신 여러 다른 접근법이 있는 것이다. 연구 그룹의 성공적인 관리자는 이 점을 잘 알고 있다. 따라서 당신의 다른 점과 개성, 특히 당신이 다른 유용한 사고방식이 있는 다른 문화권에서 왔다는 점에 가치를 둔다(코헨이 자신이 제안했다고 주장하는 8개의 아이디어 중에서 두 개는 나이지리아 이보족에서, 한 개는 중년의 힌두계 부인, 두 개는 자신이, 나머지 두 개는 영국인 대학원생으로부터 시작되었다).

여기 제시된 이야기 중에 몇 가지는 정치적으로 적절치 못한 이야기라고 생각할 수도 있다. 여기서 뭔가 비난하고자 인종이나 문화를 거론한 것은 아니다. 지금까지의 경험에서 보면, 과학적 연구를 적절히 표현하지 못하는 몇몇 태도들이 있다. 이러한 태도는 경험이 말해주는 것과는 별개로 과학적 연구에 올바른 길은 하나뿐이다라는 사고이다. 이들은 근본주의자이거나, 권위주의자이다. 코헨의 동료이며, 독실한 기독교인인, 한 유전학자가 졸업을 앞둔 생물학과 학생들에게 진화의 속도(굴드(Gould)/르원틴(Lewontin)의 '종언' 은 지난해 신문에서 크게 다루어진 적이 있다)에 대한 강의를 하고 있었다. 그는 학생들이 이 이론을 '다윈의 진화론과 충돌 없이' 받아들일 수 있다고 말했다. '결국 다윈 자신도, 종의 기원(The Origin of Species) 제6판에서, 진화론적 변화가 얼마나 급속히 나타날지는 알 수 없다고 말했다' 는 것이었다. 진화론 강의의 책임을 맡고 있어서 청중 속에 있던 코헨은 자리에서 일어나, 이 대목에서 강의를 중단시켰다. '다윈이라 하더라도 절대적인 권위가 될 수는 없다! 우리는 현재 훨씬 많은 것을 알고 있다. 다윈은 총명하고, 현명한 사람이었지만, 이후의 많은 발견에 대해 알 수는 없었다.' 증거가 뒷받침 된다면, 누구라도 다윈과 의견을 달리 할 수 있다. 만약 그렇게 하는 학생이 있다면 높은 점수를 받게 될 것이다! 코헨의 제자이자 독실한 이슬람교도인 방글라데시 출신 대학원생 역시 그 자리에 있었다. 그는 박수 갈채를 보냈다. 반면, 우리는 이슬람계 학생(특이한 경우지만, 가끔 있는)들을 만난 적이 있다. 그들은 교과서와 일치하는 결과를 원했고, 그렇지 않은 결과는 무시했다. 그러나 놀랍게도(놀라운 결과일 뿐 아니라 학문적이고, 정신적인 발전을 가져다 준), 이들 중 한 여학생의 박사 논문의 기초가 된 것은 그러한 이단적인 결과들이었고, 이 때문에 그녀는 이후 그 분야에서 저명해졌다. 인디아 아대륙(亞大陸)의 교육자들은 유난히(그리고 중앙 유럽 문화의 교육자들 일부도), 우리가 맡은 대학원생들의 교육 초반에, '당신의 교수는 항상 옳다' 라는 생각을 주입시키려는 것처럼 보인다(미안하게도, 그들은 아마 대영제국식 교수법의 가장 나쁜 요소를 고수하고 있는 것 같다). 우리는 이러한 방식을 싫어한다. 만약 우리가 틀렸을 때라면(자주 그런 일이 발생한다. 우리가 창의적인 연구를 하기 때문만은 아닌 듯하다), 쓸모없는 아이디어에 시간을 낭비하지 않도록 가능한 빨리 틀렸다는 사실을 알게 되길 바란다. 우리가 틀렸다는 것(물론, 대부분이 그렇다)을 보여주는 학생은 감사의 인사를 받게 될 것이다. 우리도 사람이기 때문에 한두 해 정도 시간을 끌 수도 있겠지만 말이다. 현재 중국 문화는 세계적으로 과학계에 큰 기여를 하고 있다. 일본 과학자들이 우리 세계의 일부가 되었을 때와 마찬가지로, 새로운 방향이 다시 제시되기를 고대하고 있다.

모든 인터뷰에서 당신이 들어가려고 하는 분야의 유용한 측면에 대해 말해 줄 것이다. 주의 깊게 들어라, 특히 당신에게 연구실을 보여주는 대학원생의 말을 잘 들어야 한다. 둘러보고 있는 동안 지나치는 학생들에 대해 귀찮은 질문을 하라. '저들은 어떤 분야에 있나요?', '저 사람들은 어떤 연구를 하나요?' 가장 중요한 것은 현재 있는 사람들과 이야기를 나누고, 그들이 만족하고 있는지, 좌절하고 있는지, 혹은 생산적인 면에서 마음에 안드는 점은 없는지의 여부를 알아보는 것이다. '내 연구는 아직 잘 진행되고 있지 않아요. 다음 달에 다시 와 봐요.' 같은 말이 가장 긍정적인 신호이다. 당신이 참여할 그룹을 과정의 면에서 보도록 하라. 월풀(whirlpool) 욕조나, 분수와 마찬가지로, 물(즉, 사람)은 계속 변하지만 그 그룹 본래의 모습은 남게 되는 법이다. 예전에 그룹의 구성원이었던 대학원생이 현재 그 그룹을 운영하고 있다는 얘기를 한다면, 이보다 더 긍정적일 수는 없다.

12.2 사회과학도 많이 공부해야

이제 당신은 한 연구 그룹의 일원이 되었다. 혹은 향후 몇 년간 진행될 생산적인 연구를 시작하기 위해 당신의 지도교수를 만났다. 새내기 대학원생이 직면하게 되는 가장 큰 문제는 정보를 받아들이는 것(소비)에서 이제는 그것을 생산해 내는 위치로 전환된 점이다. 5살이 되면서부터 대부분의 사람들은(운이 좋다면) 학교에서 여러 가지를 듣게 된다. 이전에 언급한 대로, 이것은 종종 '아이들을 대상으로 하는 거짓말' 로, 모두 한데 뒤엉켜져서, 모든 것에 대해 설명하는 이야기들인 것이다. 그러다 성인기의 초반에 이르면, 갑자기 이들 이야기를 불신하고, 교과서에 있는 것들을 비판하도록 요구 받는다. 이것은 쉬운 일이 아니다. 많은 사람들이 이러한 전환에 실패한다. 학부 강의에서 들었던 것들, 학위를 받기 위해서 되뇌어야 했던 것들을 정말로는 아무도 믿지 않는다는 사실을 알게 되는 것은 충격적인 일이다. 그러한 강의를 당신이 다시 써야 하고, 순진한 얼굴을 한 학부생들 앞에서 스스로 그런 강의를 해야 하는 것은 더욱 충격적이다. 그렇게 되면, 당신은 그것들이 알려져 있고, 이해되고 있고, 증명된 것이라고 그 복잡한 것을 적당히 얼버무리고 싶은 유혹을 느끼게 될 것이다. 또 대망을 품은 젊은 과학자들에게 과학은 진리가 아니라, 믿고 싶은 것만 믿으려하는 방식에 대한 최선의 방어책임을 인식시키는 것은 더욱 어렵다.

일단 연구에 참가하는 것이 첫 번째 단계이다(이는 당신이 무슨 연구를 하는지와는 별개의 문제이다). 중요한 점은 동료 연구원, 특히 다른 대학원생과 박사과정 연구원과 상호 작용이 가능해야 한다는 데 있다. 과학에 대한 상호 작용도 포함해서 말이다. 첫째로 그리고 가장 중요한 점은 좋은 연구 그룹은 그룹의 연구에 대해 비공식적으로 편안하게 토의할 수 있어야 한다. 좋은 지도교수란 당신이 다가가서 '페트라(Petra), 이렇게 좋은 결과들 중에서 왜 이상한 것들만 채택해야 하는 거죠?' 라고 말할 수 있는, 그리고 '당신도 알다시피 저 크래마토그래피(chromatography)는 빅터(Victor)가 마지막으로 썼지. 그리고 그를 포함해서 아무도 닦아 놓지 않았어' , 혹은 '그 시스템은 그렇게 운영되어야만 하는 건가? 그 외 모든 부분은 인위적으로 통합된 것일까?' 라고 말하는 사람이다.

각 나라마다 각기 다른 비공식적인 스타일이 존재한다. 그러나 그룹의 모든 실험결과와 어려움에 대해서는 지위고하를 막론하고 의사소통과 비판이 쉽게 이루어져야 한다. 연구에 참여했거나 아니거나를 불문하고 모두의 이름을 논문에 추가하는 나쁜 습관이 생기고 있으며, 그룹 내에서 관행으로 굳어지고 있다. 저명한 학술지에 논문이 게재된 것을 축하하기 위해, 중국 음식으로 함께 회식을 한다든지, 모든 사람이 음식과 음료를 가지고 와서 연구실 파티를 하면서 축하하는 것이 훨씬 건전하다. 다른 건전한 습관은(다소 개인적인 선입견에서 판단하건대) 그룹 내 여러 부분 별로 일에 대해 이야기 하는 것을 꺼리지 않고 함께 식사를 하는 습관이다. 점심시간이나 차 마시는 시간은 실험에 있어서의 문제를 해결하는데 최적의 환경이 되곤 한다. 그러나 조용히 생각할 수 있도록 따로 마련된 공간도 있어야 한다. 소파에 길게 누워 있는 팀원을 볼 때, '일하고 있어야 하는 거 아냐' 라고 걱정하는 대신에 기뻐해야 한다. 우리 경험으로 보건대, 그 시간은 생각이 이루어지는 때이다. 만약 식사 시간이나, 근무 시간(통칭 9시에서 5시까지의 정신상태) 후에 '일 이야기' 를 하는 것이 금기라면, 살아가기가 참으로 힘들다는 것을 발견하게 될 것이다. 우리의 최고의 아이디어 중 대부분은, 그리고 가장 설득력 있는 비평의 대부분은 동료나 학생과 커피를 마시거나, 맥주를 한 잔 하거나, 현장 견학이나, 공연을 보러 갔을 때 떠오른다. 그래서 우리는 과학을 24시간 활동이라고 믿고 있다.

신참 대학원생에게는 그룹 내에서 이야기를 하는 것이 상당히 어려운 일이다. 과학은 통념과 반대로 사회적인 활동이다. 때때로, 기업의 기능에 맞는 기업정신이 있는 영리 기업이 성공하는 것처럼, 과학의 사회적인 면을 제대로 가지고 있는 연구 집단이 성공한다[1]. 그러나 잘 운영되고 있는, 만족스러운, 그리고 그와 동시에, 기분 좋게 비판적인 과학 그룹의 사회적 면은 신입생이 속해 있던 환경과는 전혀 다르다. '모르겠습니다' 혹은 '...에 대해서 아는 사람이 있나요?' 와 같은 말이 '네, 그것을 지난주 네이쳐(Nature)지에서 읽었습니다.' 라는 잘난 척 하는 말만큼이나 많은 점수를 얻는 점이 이보다 관대하지 못한 학부에 있었던 신입생에게 쉬운 상황은 아니다. 특히, 모두들 관련되어 있는 진지한 문제에 대해 농담하는 것은 다른 문화에서는 매우 어려운 일이다. 영국의 학계에서 만들어내는 특정한 종류의 풍자가 있는데, 이것을 유럽에서 온 방문자들, 특히 '유머결핍증' 이라는 낙인이라도 찍힌 것 같은 나이든 네덜란드와 독일의 학자들은 이것을 매우 짜증스럽게 받아들인다. 사실, 아일랜드나 헝가리(때로는 캐나다)

[1] Peters, T.J. and Waterman, R.H. (1982) *In Search of Excellence*. Harper and Row, London.

사람들은 영국인보다 유머를 더 잘 구사한다. 이러한 태도에 공감하지 못하는 사람들은 우리가 그 주제를 가지고 농담을 하고 있다는 것을 이유로, '당신들은 당신들의 실험 문제를 진지하게 받아들이지 않는군요!' 라고 말한다. 우리는 그것들을 진지하게 받아들이고 있다. 너무나 진지하기 때문에 그것에 대해 농담을 해야 하고, 혹은 눈물을 지어야 하는 것이다. 그것을 근엄한 표정만 지으면서 엄숙하게 받아들이지 않을 뿐이다. 우리는 사적이거나 '가족' 과 관계된 문제에 엄숙해 지는 것을 가장 나쁜 종류의 사회적 죄악이라고 여긴다. 정치나 종교 문제만이 이러한 침울한 취급을 받을 만한 것이다. 왜냐하면, 그들은 발전할 수가 없기 때문이다. 커피타임에는 정치나 종교 얘기는 금지….

최신 잡지 더미는 종종 잘 정리된 책꽂이보다 더 유용하다. 물론 후자 역시 가까운 곳에 있어야 함에도 불구하고 말이다. 그룹에서 나온 최신 간행물들 역시 매우 유용하다. 이것은 신입생에게 그룹이 최근에 한 여러 가지 작업에 대해 토의해 볼 수 있는 기회를 제공한다. 누가 무엇을 했는지 알아 낼 수 있는 좋은 방법이 되기도 한다. 그러나 그룹 내에서 가장 덜 생산적인(만들어 낸 저작물의 양으로 보았을 때) 일원이 가장 없어서는 안 될 관리자, 촉매, 정보의 원천, 고도의 사고력을 향한 자극제일 수 있다는 것을 깨닫는 것이 신입생에게는 어려운 일이기도 하다.

실험을 잘 수행하고, 좋은 결과를 얻어내는 것만으로는 부족하다. 다른 사람들이 이것에 대해 들어보게 해야 한다. 그리고 그들의 비판은 실험결과가 과학으로 승화되는 부분인 '토의' 에서 쓰여져야 한다. 일반적인 과학 논문의 경우, 잡지의 편집자는 논문 평가를 위해 존경 받는 과학자들로 이루어진 심사위원단을 구성한다. 이러한 체제에는 문제가 있다. 하지만 대개는 효율적이다. 동료의 비평은 과학적인 사고를 다듬는데 있어 가장 즉각적이고, 근접해 있으면서, 유용한 방법이 된다. 동료들에게 당신의 문제에 대해 생각할 시간을 주고, 그 보답으로 정직하고, 깊이 생각한 비평을 그들에게 해 주도록 하라. 한 단계 더 공식적인 방법은 연구 발표이다.

12.3 비공식적인 연구 발표

기억 해 두어야 할 중요한 점이 두 가지 있다. 첫째, 당신의 연구에 어떤 요소가 포함되어 있든 간에, 그 연구에 대해 다른 사람에게 말하지 않는다면, 그것은 아무런 소용도 없는 것이 되어 버린다. 둘째, 당신은 당신이 수행한 것에 대해 어느 누구보다 많은 것을 알고 있다. 첫 번째는 두려움을 극복할 수 있게 하는 자극을 줄 것이고, 두 번째는 자신감을 부여해 줄 것이다. 그럼에도 많은 사람들이 처음에는 자신의 작업을 발표하는 데에 어려움을 느낀다.

동료나 시험관 앞에서 학부에서의 프로젝트를 발표한 것에서부터, 새로운 일자리를 구하기 위한 평가 과정의 일환으로 자신의 연구에 대해 얘기한 것에 이르기까지, 이 모든 것은 우리가 이미 해 본 것들이다. 여기서 '저 피츠버그의 멍청이도 할 수 있는 것을 왜 나는 할 수 없을까?' 와 같은 어려운 문제를 공개할 필요는 없다. 당신은 좀 더 대략적인 접근을 할 필요가 있다. 전형적으로 청중은 당신의 이야기에 구체적인 관심을 갖고 있지는 않다. 그들은 당신의 과학이 흠 잡을 데 없는지 여부보다는 정해진 시간을 넘기는가 여부에 더 관심을 가진다. 10분 강의에 5분 토론이나 60분 강의에 30분 토론이 있고, 여기에는 각기 다른 방식의 테크닉이 적용된다.

짤막한 강연을 위해서는 거의 모든 청중이 당신이 말하려는 문제가 무엇인지 알고 있는지, 또 만약 당신이 B대신 A라는 답을 얻어낸 경우라면, 왜 그들이 그 주제에 대한 생각을 바꿔야만 하는지를 알게 되었는지 확인할 만큼 충분한 시간(아마도 최대 4분 정도)을 할애하라. 그리고 당신이 무엇을 했는지(레이저 제작이나, 누가 동물을 공급했는지 등은 절대 생각지도 말라), 그리고 무슨 일이 일어났는지 간략히 말하도록 하라(약 2분간). 일 분정도는 왜 당신의 실험이나 관찰이 신뢰성을 가지는지, 반복 가능한지 설명하라. 특히, 실험 설계가 사람들의 생각을 요구하는 부분이라면(결과 반전 설계), 당신의 실험 결과를 정당화 하라. 그 후에 '그러므로... 당신들은 거기에 많은 정자가 존재하는 이유에 대한 생각을 바꾸어야 한다.' 거나, '그러므로... 당신들은 생각을 바꾸어서는 안 된다. A

는 확실히 X를 일으킨다.' 라고 말하라. 그 다음, 이 후에 당신이 어떤 일을 할 예정인지 말하는 것이 적절하다. 그리고는, 10분이 지나기 전에, 혹은 정확히 10분 만에 끝내라.

질의응답 시간에는 두려워하지 말고 보통과 다른 이 세 가지 일을 하라. 즉각적인 질문이 없을 시에는 잠깐 동안 기다릴 준비를 하라(좌장이 자기 일을 제대로 하는 사람이라면 틀림없이 질문 하나는 할 것이다). 단순히 자신이 똑똑하다는 것을 보여주기 위해서 질의응답 시간을 축내고 있는 질문자가 있다면, 그의 말을 가로막아라. '그래서 당신의 질문은 무엇인가요?' 하고 물어서 말이다. 그리고 '제가 생각해 보지 못한 문제군요. 잠시 제게 시간을 주세요!' 라고 말하라.

긴 강연에 있어서도 요령은 같다. 그러나 물론, 청중에게 정황에 대한 소개를 하는 데는 여전히 4분이 소요될 것이다. 그러나 이제는 문제에 보다 깊숙이 들어갈 수 있는 시간이 있다. 그럴지도 모르겠다. 그러나 대부분의 경우 그것은 착각이다! 강연의 첫 부분에서 당신은 결국 이용하게 된 실험 설계에 이르게 된 이유를 설명할 수 있다. 예비 실험, 특히 예상했던 결과를 내지 않았던 실험에 대해 얘기하고, 그러한 결과가 나온 이유를 어떻게 발견했는지 얘기하라. 당신이 마침내 결과를 도출하게 되는 부분을 절정으로 하라. '2년 후 우리는 마침내 우리가 찾던 미립자에 각을 만들어내는 3회의 충돌을 발견했습니다. 그 중 1회는 우리 프로젝트가 시작된 지 10분 만에 나온 것이었습니다. ... 그리고 프로젝트의 마지막 날에 물고기가 마침내 알을 낳았습니다!' 와 같이 말이다. 그림을 몇 장 이용하라. 일화(간결하고, 적절한)와 재미있고 관련이 있는 만화를 이용하라(그것을 동료들에게 먼저 시도해 보라. 그러나 당신이 희극 배우가 아니라는 사실을 명심하라). 스프레드시트 전체에 작은 숫자가 수십 개가 있는 결과표는 좋지 않다. 그래프와 파이 도표, 보기 좋고 이해하기 쉬운 도표를 이용하라(도표와 표, 시각적 정보에 대한 전반적인 지침은 포스터 발표 부분 참조). 당신이 시각적인 보조 도구를 만들어 낼 때는, 영리하지만 과학자는 아닌 당신의 고모가 청중 속에 앉아 있다고 상상하라.

지금까지가 '어떻게' 당신의 연구 작업을 발표해야 할지에 대한 지침과 제안이었다면, '무엇을' 발표해야 하는가는 훨씬 어렵고, 많은 생각을 요하는 문제이다. 비공식적인 연구 발표가 출간을 위한 논문처럼 명료한 구조를(뒤의 내용을 보라) 갖추어야 하는 것은 아니지만 그와 같은 경우에 요구되는 정도의 논리적 구조가 있는 것이 최선이며, 그래야만 가장 명료하게 이루어진 발표가 되고, 가장 쉽게 이해할 수 있게 된다. 당신의 강연 시간이 한 시간이라면, '결과 토의' 동안에 할 수 있는 대안들을 준비해 두라. 그리고 그 중에서 가장 명확하게 말할 수 있는 것을 선택하라. 당신이 전달하고자 했던 정보를 모두 제공하지 않은 때라 하더라도 말이다. 청중들이 부정적이고 무의미한 결과와 긍정적인 결과를 구분할 수 있는지 확인하라. 당신이 이용한 '신호' 와 '잡음' (정확히 이 용어가 아니겠지만) 그리고 결과 반전이론에 대해 이야기 하라. 중요한건 결과를 통계치의 나열이 아닌 도형으로 보여주는 것임을 명심하라. 자료를 가공하지 말라. 그렇다고 해서 숫자로 가득찬 표를 보여주라는 말은 아니다. 통계 역시 발표할 수 있다. 그러나 그것은 반드시 필요한 설명에 도움이 될 때에 한한다. 그리고 '이 모든 것이 의미하는 바' 를 토의 부분에 넣어 청중이 당신의 새로운 결론을(예를 들어 A가 X를 유발한다) 알게 하라. 당신 자신의 선입견이 해석 1번에 의해 반박될 것이라는 상상을 해보라. 그리고 다른 해석 2번, 3번 등을 만들어 내라. 만약 여기서 우리가 의미하는 바가 무엇인지 이해하지 못하겠다면, 이 책의 제1장과 2장을 다시 읽어보라.

대중 앞에서 하는 연설에 일반적으로 적용되는 것(우물거리지 말 것, 프레젠테이션 화면에 나오는 것을 단순히 읽지 말 것, 사타구니를 만지지 말 것, 코를 후비지 말 것)들은 여기서 굳이 거론하지 않겠다. 그러나 이것 역시 중요하다. 당신이 대중으로부터 특정한 반응을 이끌어 냈는지 –특히 준비 기간 동안 미리 확인하라. 친구가 아닌 지인을 한 명 선정해서 다른 청중들로부터 의견을 들어봐 달라고 부탁하라. 그리고 그들을 위해서도 그렇게 해주겠다고 약속하라. 친구인 경우에는 사람들이 알게 될 것이고, 친구는 당신에게 정직하기 보다는 친절할 것이기 때문이다. 이 충고의 가치를 깨닫도록 하라[2].

[2] 자외선 차단제를 바르라 - 이 점에서는 우리를 믿어도 좋다!(그만큼 당위성이 있다는 뜻: 역자주)

과학이 일련의 이야기라는 사실을 유념하라. 즉, 당신의 연구를 발표할 때, 당신은 이야기를 하고 있는 것이다. 그러므로 청중의 관심을 끌어내야만 한다. 당신은 여러 개의 결말을 가지고 있다가, 청중 가운데서 가장 많은 사람들의 생각을 바꿀 수 있는 결말을 선택하도록 한다. 당신은 청중이 '정말 흥미로운데' 라고 생각하기를, 그리고 당신에게 많은 유용한 질문을 던져 주기를 바란다. 시간을 내서 다른 사람의 발표를 들어보라. 이야기를 읽기만 해서는 청중을 붙잡아 둘 수 없다. 당신에게 맞는 스타일을 찾기 위해서 연습을 해야 한다.

12.4 이론 구제

만약에 연구결과를 공식적 또는 비공식적인 논문으로 제출하기로 약속한 날짜 2주 전에(또는 2시간 전에) 뭔가 잘못되었다면 어떻게 할 것인가? 실험은 잘 진행되었지만, 당신이 예측한 것과 정반대의 결과가 나왔다고 해보자. 이럴 때에는 대안이 세 가지 있다. 첫째, 논문을 취소한다. 둘째, 논문에 '비록 결과를 평가할 시간은 없었지만, A와 X에 대한 우리의 생각을 바꾸어야만 할 것으로 보인다.' 라는 식의 언급을 한다(청중은 문맥을 통해서 당신이 화가 났다는 것을 이해할 것이다!). 셋째, 이론 구제를 꾀할 수 있다.

부정적인 결과의 범주에 있는 모든 결과들은 이론 구제를 통해서 재해석 될 수 있다. 간단한 이론 구제의 예는 다음과 같다.

- 이것은 통계적 오류입니다. 우리는 다음 주에 실험을 반복할 예정입니다.
- 이 기구는 B로 오염되었던 것으로 보입니다(그리고 여기에 당신의 동료나 장모, 지도교수의 탓으로 돌릴 수 있는 여지도 있다).
- 기술자가 이름표 그대로 그 병에는 염화나트륨이 들어 있다고 말했지만, 사전 테스트에서…
- 이전에는 항상 보름에 이 실험을 수행하였지만, 이번에는 …

속이 좀 덜 들여다보이면서, 당신에게 비판적인 동료 중 5%의 공감을 살 수 있는 방법은 다음과 같다.

- 개의 교미 샘플의 마지막 세트를 운반하던 도중 차 사고가 났습니다. 그 때 섞여서 잘못 확인 되었을 수도 있습니다.

- 방사선 계수 장치 안에서 샘플이 다른 실험자의 샘플과 함께 흩어졌습니다. 그리고 우리는 어떤 기준이 사용되었는지 확신할 수 없습니다.

- (심지어는) 포르말린에 보존된 쥐의 알 배양 샘플을 아들의 생일 파티에 온 4세 남아가 마셨습니다[3].

물론 훨씬 더 많은 정교한 이론 구제 유형이 있다.

- 인 수치가 높은 곳에서 자란 양배추는 흰 양배추 나비를 더 많이 끌어들이는 것으로 보입니다. 때문에 그들의 무게가 가벼운 것입니다.

- 놀랍게도, 우리가 사용한 쥐의 혈청이 골수종을 가지고 있어서, 이렇게 예상치 못한 항체가 테스트 물질에 생기게 되었습니다.

- 우리가 저들 중성미자 해석을 실시한 때는 마침, 초신성 XXXX로부터의 중성미자 흐름이 지구를 지나고 있을 때였습니다.

잘못된 결과에 대한 이렇게 좀 더 정교한 ―그리고 때때로 사실인― 변명은 당신의 동료 뿐 아니라, 외부 심사원도 수긍하게 할 수 있다!

[3] 이상의 예는 실제로 코헨에게 일어났던 일이다. 그러나 어떤 실험도 실패하지는 않았다. 왜냐하면 각 경우마다 대신 사용할 복제본이 충분했기 때문이다.

마지막 요점은 당신이 이론 구제를 하고 있다는 사실을 알고 있다는 점을 청중에게 말하는 것도 가치 있는 일이라고 우리는 항상 생각한다. 당신의 창의성에 보너스 점수를 받게 될 것이다.

12.5 설명과 증명

거의 모든 경우, 과학적 정황 안에서의 자신의 연구에 대한 설명은 환원주의적 설명이 될 것이다. B가 있는 경우에 A가 X를 유발한다. B는 A가 과다하게 존재할 때에 X를 유발한다. 즉, 양배추는 인이 필요하다…와 같이 말이다. 이러한 환원주의적 설명을 해야 하는 이유는 당신이 하고자하는 이야기를 그럴듯하게 보이게 하기 위해서이다. 그러나 설명이 반드시 이해를 끌어내야 하는 것은 아님을 기억하라.

10장 2절을 참조하라. 그 장에서 당신의 신뢰도는 어느 정도인지 얼마나 필요한지에 대해 생각해 보았다. 우리는 아무런 증명도 요구하지 않고 어떤 주장을 믿어버리기도 하고, 어떤 주장은 대단히 명백하고 설득력 있는 증거가 눈앞에 있어도 믿지 않으려 한다(여자가 반으로 쪼개지는 마술 같은 것). 우리는 A가 X를 유발한다고 증명하는 것이 얼마나 손쉽고, 동시에 무익한지, 그리고 반대로 생각하는 사람들을 설득하기가 얼마나 어려운지 이미 언급했다. 더 나아가서, 만일 당신이 A가 X를 유발하지 않는다는 것을 명석한 실험 설계를 통해 증명해 냈다면, 적어도 완전히 다른 후원자를 찾아 연구비를 신청해야 할 것이다.

다른 사회 분야와 마찬가지로, 과학에 있어서 당신의 권위는, 당신이 얼마나 영리한가, 얼마나 자주 옳은 생각을 가졌다는 평가를 받았는가, 사람들을 설득하는데 얼마나 능한가 하는 것들과 어느 정도 관련이 있다. 그러나 옳은 생각을 가지긴 했으나, 구취가 심한(예를 들어) 과학자들은 자신들의 이론이 정설보다 나은 것이라고 증명하는 일이 힘들다는 것을 알게 된다. 이러한 경우에 그들 중 대다수는 스스로를 이해 받지 못하는 갈릴레이(Galileo)나 코페르니쿠스(Copernicus) 같은 사람으로 생각하고 자신의 생각을 출판하기 위해 많은 시간과 노력을 쏟아 붓는다. 그들은 사이언스(Science)지, 네이쳐(Nature)지 같은 저명한 학술지의 인정을 받음으로써 명성을 얻게 되리라는 희망을 품기 시작한다. 그리고 자신이 인정받지 못하는 이유가 이론적인 데에 있다고 생각해서(실제로는 생각이 다른 과학자들을 설득하는 능력이 부족해서인데), 이번에는 이론 생물학 저널(The Jounal of Theoretical Biology)이나 과학과 기술에 있어서의 고찰(Speculations in Science and Technology)같은 학술지에 기고를 시도한다. 반면에, 실제적인 과학자들은 좋은 실험 결과를 가지고 이를 먼저 설명하고 나서 증명하고자 한다. 이것은 대중적인 방법은 아니지만(혹은 가능하지 않은 경우도 있지만), 매우 설득력 있는 방법이다. 우리는 이미 파워포인트(Powerpoint) 프레젠테이션 –이것은 텔레비전에 나오는 전도사에 견줄만한 영향력을 가지고 있다– 으로 된 그러한 실험적 결과의 비디오를 보았다. 이제 청중은 자리에서 일어나 '맞습니다. 맞습니다. 나는 빛을 보았습니다.' 라고 외칠지도 모른다.

12.6 포스터 제작

당신에게 선택권이 있다면, 포스터는 만들지 말라. 보통 포스터를 준비하는 데(선택권이 없어서 제작해야 하는 때)에는 구두 발표보다 더 많은 시간이 걸리지만 효과는 더 적다. 유일한 장점이라면, 나중에 벽에 붙여 둘 수 있는 것이 생긴다는 정도이다. 그러나 이것도 (GFM의) 개인적인 선입견이다.

그럼에도 불구하고, 포스터 제작은 관련 학술지의 간행을(물론 여러 번 거절당하겠지만) 염두에 두고 만들어진 실험 결과(보통은 일련의 실험 결과)를 발표함에 있어 가장 널리 쓰이는 방법이다. 한 가지 주제를 집중적으로 다루는 과학계에서는 학회나, 과학 기구 회의 대부분은 참가자들에게 포스터를 요구한다. 이것은 복잡한 정치적 문제이다. 왜냐하면, 많은 참가자들이 강연이나 포스터로 참석한 것이 확인될 때에만 소속 기관으로부터 경비를 받기 때문이다.

물론 포스터의 제작여부는 동료들과 상호작용하기를 원하거나 그 자리에 있었다는 것을 알리고 싶거나 또는 뭔가 하고 있다는 것을 보여 주고 싶은 발표자의 욕망의 표현이다. 그러나 불행히도 대부분의 포스터는 그들의 이미지를 심하게 실추시킨다. 컴퓨터를 이용한 출판 기술이 발달한 오늘날에도 우스꽝스럽고 부적절한 포스터들을 많이 만나게 된다. 정평 있는 국제회의에서조차 말이다. 연구자들은 작은 사진과 어설픈 그림, 그래프, 빽빽한 표로 가득한 논문을 1.5 평방미터의 게시판에 붙이고 싶은 유혹을 받고, 또 포스터 발표 시에 자신의 주장을 논리적으로 펴야 할 때도, '자, 여기 2년간 죽어라고 일한 결과를 보세요. 높은 카드뮴 수치가 불임을 유발한다는 나의 믿음을 증명해주는 것 같지 않나요?' 라고 말하고 있는 자신을 생각할 수 있다. 모든 자료를 볼 수 있게 만드는 것은 옳은 일이나 그것을 포스터 한 장에 다 표현하려 하는 것은 잘못된 일이다.

포스터는 슬라이드나 오버헤드 프로젝트 같은 것과 같은 문제가 있지만 좀 더 예민하다. 보는 사람의 눈을 질리게 하지 않으면서 흥미와 이해를 끌어낼 수 있는 정보를 어떻게 제공할 것인가? 이상적으로는 시선을 끌만한 정보만을 제공하는 것이 좋다.

이것보다(18포인트) 작은 것은 읽지 않는다.

이와 마찬가지로 포스터의 제목은 밝고 대조되는 색상을 사용하여 전시실 끝에서도 읽을 수 있어야 한다. 만약 당신의 이름이 주목을 끌 수 있는 경우라면(혹은 자기 홍보를 하고 싶다면), 상단에 위치시키고 하이라이트 효과를 주어라. 주제가 인상적인 것이라면('교미 시 퍼큐파인(Porcupine－호저)이 선택하는 새로운 체위'), 전혀 관심이 없는 사람의 관심을 끌 수 있을 정도로 만들어라. 만약 인상적인 그림이나 사진이 있다면, 중앙에 위치시켜라. 어떤 사람들은 스크린이나 흰 벽 위에 파워포인트나 영화를 상영하기 위한 영사기를 가지고 가기도 한다. 6가지 이상의 항목 －텍스트 박스, 그래프, 표, 혹은 그림 등－ 은 권장하지 않는다. 각각은 적어도 2 미터 떨어진 곳에서도 읽을 수 있어야 한다. 10포인트 크기로는 많이 쓸 수는 있겠지만, 아무도 읽으려 하지 않을 것이다. 반면에 너무 커도 안 된다. 텍스트 박스 하나 안에 글자 열 개는 너무 적다. 그러나 100개보다는 낫다. A5~A4 크기의 박스에 20~50개 정도가 최적에 가깝다. 예술적 감각을 동원하여 눈길을 끌 수 있게 한다.

색상을 이용하라. 당신이 말하고 싶은 바를 보는 사람이 이해하기 쉽게 만드는 모든 도구를 동원하라. 포스터가 논문 발표가 될 수는 없지만 적어도 초록 정도는 되어야 한다. 이하에서 과학 논문의 예비 초록에 관해 우리가 제시하는 권고들이 포스터 프레젠테이션을 경제적으로 준비하는 데 길잡이로 이용될 수 있을 것이다.

12.7 공식적인 공개 발표

바라건대 공식적인 공개 발표는 당신이 많은 비공식적인 프레젠테이션을 통해 자신만의 스타일을 찾아 낸, 수학 기간이 끝날 때쯤 이루어지는 것이 보통이다. 낯설고, 적대적인 청중 앞에서 말하는 것은 무작정 시작할 수 있는 실험이 아니다. 먼저, 당신이 무슨 얘기를 할 것인지 확실히 알아야 한다. 성공적인 프레젠테이션의 열쇠는 바로 당신이 준비하는 슬라이드에 있다. 잘 준비된 슬라이드를 가지고 발표하는 것은 좋을 수도 있고 나쁠 수도 있다. 그러나 적절치 못한 슬라이드를 가지고 발표하는 것은 분명히 좋지 않다. 파워포인트로 당신이 할 수 있는 현란한 수법들을 모두 이용하고 싶은 유혹에 빠지지 말라. 문제는 발표 내용이지, 파워포인트 실연이 아니다. 슬라이드는 우리가 포스터에 대해 말해둔 제안들과 동일한 형식을 따라야 한다. 발표에 무엇을 포함시킬 것인가 하는 문제는 주어진 시간과 청중에 달려있다. 청중의 성격에 따라 각각 다른 면에 주안점을 두고, 결과에 대한 논의를 조절하여 발표내용을 다시 쓰는 것은 좋은 연습이 된다. 돼지 기생충에 대한 연구 결과는 지역의 젊은 농업인의 주간 모임, 영국 기생충학회 연례 총회, 타 대학의 연구 세미나에서 각각 다르게 설명 되어야 할 것이다. 이것은 당신이 수행한 연구를 이해하는데 있어 융통성이 있어야 한다는 의미이며, 정황에 따라 연구가 어떻게 비춰질 수 있는가 알고 있어야 한다는 의미이다(이 중요한 문제에 대해서는 제5장을 보라). 일단 '방향'을 결정했다면, 중간에 그것을 바꾸지 말라. 특히, 젊은 농부에게 갑자기 복잡한 통계학을 설명해야겠다고 생각지 말라.

그 밖의 조언은 비공식적인 프레젠테이션에 대한 것과 유사하다. 연구 그룹 내의 동료에게 프레젠테이션을 미리 해보고 강연 내용을 다듬어야 한다는 것을 명심하라. 그들에게 시간을 주고, 강연에 대해 비판을 가하게 하라. 할 수 있는 한 많은 다른 프레젠테이션에 참석해서 프레젠테이션이 어떻게 진행되는가 보고, 자신의 스타일에 맞게 해서는 안 될 것과 해야 되는 것들에 대한 목록을 만들라. 단, 지나치게 염려하지는 말아라. 예를 들어 강연 중에 움직이지 않는 것은 하지 못하겠다는 생각이 든다면 이 문제를 자신의 개인적 스타일의 일부로 만들어라. 동료들의 비판, 같은 실험설계 분야에 있는 사람들의 논평에 대해 준비하라. 그리고 그것을 감사히 받아들이는 법을 배우라.

12.8 과학 논문 작성

논문 작성에는 과학자들의 숫자만큼이나 많은 방법이 존재한다. 과학자 수보다 더 많지는 않겠지만 말이다(우리 중에는 다재다능한 사람들이 꽤 있다). 이 제안은 논의를 하거나 발전시킬 여지가 있는, 어느 정도 기초적인 작업이 마련될 때까지는, 동료들에게 시간을 내달라고 할 수 없는 초심자들을 위한 것이다. 꼭 기억해야 할 것은, 논문 역시 프레젠테이션과 마찬가지로 하나의 이야기라는 점이다. 그러므로 어떤 이야기가 되어야 할 것인지 결정해야만 한다. 모든 좋은 이야기가 그렇듯, 이것도 역시 기승전결이 있어야 한다. 그리고 생각을 바꾸어 놓을 만한 흥미 있는 이야기가 되어야 한다. 읽은 사람이 결과에 대해서가 아니라, 당신이 이끌어 낸 방법과 논리, 결론에 대해 비판을 가할 수 있을 만큼 명료해야 한다.

서론: 주제가 흥미로운 이유는 무엇인가, 미진한 점은 무엇인가?

재료와 방법: 무엇이 이용되었는지, 그것으로 무엇을 했는지 －다른 사람이 똑같이 할 수 있을 정도로 구체적으로 서술한다.

결과: 무슨 일이 일어났는가, 무슨 일이 '실제로' 일어났는가!(그래프 상의 점은 결과를 의미할 수 있고, 점 사이의 선분은 토의해야 할 내용이 될 수 있다)

결과의 토의: 얼마나 반복적인가, 얼마나 신뢰성이 있는가? 결과가 문제를 설명해 주는가?

이론적 토의: 결과가 만족스럽다면 그것이 의미하는 바는 무엇인가? 예를 들어 A는 정말 A인가? 때때로 뭔가 결여되었을 수 있다[4]. 즉 M의 부재! 나는 X를 보았다. 그러나 과연 정확히 본 것일까? 잠시 Y처럼도 보였는데.

결론: 미진한 부분은 채워졌는지? 이제 완전한 그림이 보이는지?

시작은 언제나 가장 어려운 부분이다. 여기 몇 가지 제언이 있다.

- 당신이 6개월 후의 미래에 있다고 가정해보자. 논문 한 부를 발견했다. 그것을 집어 드는 당신을 그려보라. 이제, 거기에 무엇이 써있는지 상상해보라.

- 논문에 넣고 싶은 그림/표가 무엇인지 결정하라. 그것을 그리고 본론부터 쓰기 시작하라. 마음 속에 이미 전체 이야기가 그려져 있을 때여야만, 이 작업이 가능하다.

- 백지와 잘 깎인 연필을 들고 조용한 곳에 자리를 잡아라(오랜 경험에서 볼 때, 컴퓨터 화면은 친숙하긴 하지만 별로 도움이 안 된다. 두 세대나 어린 사람들에게도 말이다). 첫 번째 문장을 쓰라. 그리고 두 번째, 세 번째 문장을 써 내려가라. 다시 말하지만, 이것은 마음속에 이야기가 이미 그려져 있을 때여야만 가능한 작업이다.

- 한 동안 빈둥거리며 돌아다녀라. 기다리기 지친 동료나 지도교수가 쓰도록 말이다.

[4] 결여란 어떤 것의 부재를 의미한다. 어둠, 무지, 죽음 등은 결여이다. 이와 반대되는 개념이 (엄밀히 말하자면, '보충') 있지만 실제적으로 존재하진 않는다.

- 예비 초록을 먼저 쓰라('예비 초록(pre-abstract' 이라는 말은 처음 들어보았을 것이다. 왜냐하면 우리가 방금 만든 용어니까). 예비 초록은 서론, 재료와 방법, 결과, 토의, 결론에 각각 두세 줄로 해서 15줄 정도가 될 것이다. Box 12.1의 예를 보라. 우리가 그랬듯이, 당신은 토의 부분에서 좀 더 많은 문장이 필요하다는 것을 깨닫게 될 것이다. 거기에는 일련의 논거를 잇는 연결고리가 있어야 하기 때문이다. 이 작업은 발췌나 요약이 아님을 기억하라. 이것은 살을 충분히 덧붙이면 전체적인 모습이 보이는 논문의 골격이다. 이것을 마치고 나면, 논문 형식으로 바꾸는 것이 그리 겁나는 일은 아닐 것이다.

12.9 논문 작성

이것은 쉬운 일이 아니다. 지도교수나 동료 대학원생(더 중요하다) 또는 박사 후 연구원에게서 조언을 받는 것이 좋다. 당신의 연구를 출판하고자 했다면 그동안 버렸던 문장들을 보관하여 논문에 쓰는 것도 현명한 일이다. 어떤 사람을 외부 심사위원이라고 상정해 두고(실제 외부 심사위원일 필요는 없다. 그러나 외부 심사위원이 될 수 있을 만한, 그 분야에 있는 사람이어야 한다) 그 사람을 대상으로 논문을 쓰도록 하라. 적절한 수준으로 세부사항을 관리 할 수 있게 될 것이고, 돌고래의 기본적 생태나, 이온가속장치가 어떻게 작동되는 것인지에 대해서 끊임없이 설명하는 것을 피할 수 있다(외부 심사위원이라면 이미 다 알고 있을 테니). 자기비판의 기술을 발전시킬 수도 있다. 자기비판을 할 때는 이미 자신이 아닌 누군가 한 것에 대해 비판하는 것으로 상정하고 있으므로, 더 이상은 자기비판이 아닌 것이 될 테지만 말이다.

모든 대학원생들이 저지르는 것으로 보이는 매우 일반적인 유형의 실수가 있다. 코헨은 이를 '온도가 측정되었습니다' 실수라고 칭한다. 출판된 논문 초록 중 1/3에서 이러한 실수가 발견된다. 물론 당신은 '온도는 섭씨 37도였습니다' 라고 애매하지 않게, 그리고 측정한 것만 말해야 한다. 이것은 과학적 저술이나, 특히 논문을 쉬운 말로 표현하는 방법이다. GFM의 동료 중 한 사람은 이것을 상당히 격조 있게 표현한다. 논문에 이르게 되면 과학은 셜록 홈즈(Sherlock

Box 12.1

예비 초록

서론

조류나 포유류는 색깔이 있는 부속지(附屬肢), 깃털, 체모를 가진다. 색깔은 각질 세포에 색소를 제공하는 멜라닌 세포라는 특별한 세포에 의해 만들어진다. 백변종은 색소 생성이 불가능 하다. 그러나 색깔이 있는 동물의 흰 부분은 어떠한가? 그 부분은 멜라닌 세포를 전혀 가지지 않은 것인가? 혹은 색소를 만들지 않는 멜라닌 세포를 가진 것인가? 아니면 색소는 만들어 놓되 색소 제공이 일어나지 않는 것인가?

재료와 방법

밝은 서섹스(Sussex) 닭이 이용되었다. 날개와 꼬리는 검지만, 그 외의 부분은 흰색이다. 병아리는 전체가 희다. 흰 부분과 검은 부분에서 자라는 깃털의 기저(깃)로부터 채취한 세포 외식편(外植片)을 세 가지 방법으로 처리했다. 일부는 조직학적 절편으로 만들어 색소 세포를 착색한 뒤, 다양한 현미경 검사 방법으로 검사했다. 일부는 어떤 색소 세포라도 이식하면 증식하고 병아리 날개를 착색시킬 수 있을(혹은 아닐 수도) 것이라는 예상 하에 흰색 레그혼(Leghorn)종 72 시간 된 배아의 날개 아체(芽體)에 세포를 이식시켰다. 일부는 흰색 날개에 들어있는 어느 색소 세포라도 어떤 배지 안에는 색소를 분비할 것이라는 기대 하에 여러 종류의 자연체액 배지 안에서 조직 배양시켰다.

결과

현미경 검사에 있어, 흰 깃털의 외식편에서는 멜라닌 세포가 전혀 발견되지 않은 반면 검은 깃털의 외식편에서는 다량 발견되었다. 이 과정은 상피 세포가 작은 깃가지가 되는 시점까지 계속 되었다. 숙주가 된 3,600개의 흰색 레그혼 알 중 어떤 것도 부화되지 않았고, 죽은 배아에서 배아 날개의 증식은 전혀 없었던 것을 확인할 수 있었다. 응고된 동맥혈 배지 안에서는 흰색 깃털에서 채취된 외식편의 절반가량이 멜라닌 세포를 다량 생성시켰다. 다른 배지 안에서는 세포 생성이 거의 없었다. 검은 깃털에서 채취된 외식편의 경우 역시, 우량한 깃털 구조가 형성 되었음에도 불구하고 대부분의 배지 안에서 멜라닌 세포 생성에 실패했다. 그러나 응고된 동맥혈 배양액 안에서는 정상적이고 착색된 깃털이 생성되었다.

결과의 토의

목덜미 깃털 외식편에 대한 현미경 검사 데이터는 그 부분의 깃털의 외관과 일치했다. 색소 제공을 확인할 수 있었다. 흰색 레그혼 이식 시도는 무의미한 결과를 냈다. 응고된 동맥 혈장 배지에서는 검은 깃털 목덜미 조직에서 추출한 세포가 검은 멜라닌 세포를 생성했으며, 또한 흰 깃털로부터 채취된 세포 역시 검은 멜라닌 세포를 형성시켰다. 배양액 중 절반만이 이러한 결과를 보여주었다는 사실이 결과의 신뢰성을 감소시키지는 않는다. 여섯 마리의 새에서 채취된 세포로, 4개의 배양액에서 연속적으로 반복된 결과가 도출되었다. 이것은 흰 부분에도 멜라닌 세포를 생성시킴으로써 가시적인 색상을 유발할 수 있는 색소 세포가 있다는 확실하고 긍정적인 결과이다.

예비 초록(계속)

이론적 토의

현미경 검사 자료는 도움이 되지 않았다. 흰 부분의 멜라닌 세포는 확인되지 않았고, 착색되지 않았기 때문이다. 만약 멜라닌 세포가(개구리의 피부에서처럼) 멜라닌을 만들되, 분비는 하지 않는다면, 멜라닌 세포 자체는 확인될 것이다. 롤즈(Rawles) 기법에서 나온 무의미한 결과는 후회스럽기는 하지만, 주제에 영향을 주지는 않았다. 몇몇 개의 흰 목덜미 깃털 외식편만이 멜로닌 세포를 생성시켰다면, 이것은 색소 세포의 내재에 대한 강력한 증거가 되었을 것이다. 그러나 최고의 배지에서 단지 절반이 멜라닌 세포를 생성시켰다. 그러므로 우리는 흰 목덜미 깃털에는 색소 세포가 존재는 하지만 색소를 만들어 내지는 않음을 확신할 수 있을 것이다. 아마도 착색되지 않은 과립 세포를 제공하는 멜라닌 세포의 존재 여부는 확실치 않다. 현미경으로 이들을 관찰할 수도 있었는데, 사실 관찰되지 않았으므로 그것이 존재한다고 가정할 수 있는 근거는 없다. 한편, 검은 깃털 외식편은 대부분의 배양지에서 착색능력이 있는 멜라닌 세포를 만드는데 실패 했다. 이 역시 외부 영향에 대한 멜라닌 세포 체계의 민감성을 밝히는 증거이다. 이는 갈색 레그혼이나, 꿩과 같이 동일한 유전자형의 색소 세포에서 많은 색상을 내 놓는 조류에 대해 생각해 보게 했다. 여러 가지 색상 역시 다른 환경에 따른 색소 세포의 반응일 것이다.

결론

색깔이 있는 혹은 흰 동물의 흰색 부분은 색소를 만들 능력은 있지만 실제로 만들지는 않는 색소 세포를 가질 수 있다. 아마도 모든 조직에는 실제 기능은 발휘하지는 않지만 줄기세포의 저장고를 형성할 수 있는 다양한 종류의 세포들이 존재할 것이다.

Holmes) 이야기처럼 된다. 이것은 온통 신비한 수수께끼에, 난감한 문제, 헷갈리는 정보로 가득하다. 그러나 결국에 당신은 집사가 범인이라는 것을 밝혀낸다. 그러나 논문을 쓸 때는 '집사가 범인이다' 로 먼저 시작해서, 어떻게 알게 되었는지를 설명해가야 한다. 읽는 사람을, 당신이 한 시도와 난관 도중에 발견한 모든(잘못된) 실마리를 언급하는 자서전 체의 이야기로 이끌지 말라. 당신은 증거를 제시하고 있는 중이다. 그러므로 오직 문제를 밝히는데 도움이 되는 사실만을 포함시켜야 한다. 바라건대 학생 때 이를 배우고, 교수의 위치가 되었을 때 이를 전해 주었으면 한다. 이것이 과학적 박사 논문의 형식이 발달해 온 과정이다. 잘못된 문체는 그저 하나의 증상에 불과하다. 대부분의 사람들은 온도가 측정되었다고 쓰지 않는다. 그들은 중요한 세부 사항(즉, 온도가 몇 도이었다)과 쓸모없는 정보(즉, 온도가 측정되었다)를 구분할 줄 안다. 이것이 과학의 문화가 발전되어 온 과정이다.

한편, 최고의 조언은 다음과 같다. 커피 한잔 더 하거나, 진공청소기를 돌리거나, 줄곧 읽고 싶었지만 근처에도 못 갔던 책을 읽거나, 영혼을 탐구하고자 인도로 여행을 떠나거나, 아기를 갖거나, 다른 사람의 의견, 비평, 결과를 기다리거나, 참고 자료가 생길 때까지 기다리거나 하는 등등의 일에 주의를 분산시키지 말고 엉덩이를 자리에 꼭 붙여두어라. 만약 대학원생이 논문을 쓰지 못한 것에 대해 변명하는 것만큼만 과학을 할 수 있다면….

33쪽 심리게임의 해답

해답 1: 철모는 머리를 보호한다. 그렇다고 무적인 것은 아니다. 머리 부상으로 참호 안에서 죽어가는 군인의 숫자는 감소했다. 부상 건수의 증가는 철모가 없었다면 죽었을, 그러나 철모 덕분에 살아난 군인들에 기인한다. 이제 이해가 안 되는 부분이 무엇이었는지 기억하라.

해답 1: 이것은 트릭이다. 각각의 정사각형을 다른 정사각형들로부터 분리시켜야 하기 때문이다. '기발한' 해답은 없다. 여기에서의 트릭은 바로 트릭은 없다는 데 있다. 어떤 순서로 배열하든지 3×7=21 줄을 깨뜨려야 한다. 참인가 거짓인가?

Chapter 13

후기

postamble

석사 논문을 정말 훌륭하게 만들고, 박사 논문을 정말 철학적으로 만들기 위해서 당신이 만들어 내야만 하는 중요한 생각에 대한 힌트를 우리에게서 얻기를 바라는 의미에서, 여기 대학원생에게 주고 싶은 마지막 묘안이 있다.

그런 것은 없다.

만약 그런 것이 존재한다면, 당신은 과학자가 되기 위한 공부에 실패했을 것이다. 그리고 우리는 당신을 우리 클럽에 넣고 싶지 않을 것이다. 만약 당신이 진심으로 색소 세포나 양자, 혹은 공손함에 대해 당신이 발견한 것을 기록한 자신의 논문을, 우주의 신비를 벗기는, 당신이 과학적 활동에 종사해 온 시대에 있어 가장 중요한 산물이라고 생각한다면, 우리는 당신이 틀렸기를 바란다. 하나의 작품이 제 아무리 아름답고, 사고의 전환을 꾀하는 것이라 하더라도 그것은 단지 당신이 변화했다는 증거일 뿐이다. 문제에 과학적으로 접근하는 능력의 발전이 당신 스스로를 과학자로 평가 내릴 수 있는 권리를 부여해주었다는 것을 이해하게 될 것이다(우리가 구두시험 뒤에 그랬던 것처럼). 당신이 믿고 싶다는 이유로 어떤 것을 믿어버리게 되지 않길 바란다.

대부분 금전적인 보상도 없으며, 믿고 싶은 것에 대한 반증을 찾는데 총력을 기울여야 하는 역설, 정직하면서도 신랄한 비판이 친밀하고도 소중한 우정의 표현이 되는 세계에 들어온 것을 환영한다. 지금까지 믿어 의심치 않았던 기본가정들, 특히 이 우주가 어떻게 운행되고 있고, 또 당신이 이를 밝힘으로써 받던 명성이 50년 후에는 어리석은 것이었다는 것을 깨달으며 살아갈 것이다. 50년 전의 아이디어가 지금 그렇듯이. 또, 우리들 중에 뉴턴(Newton)이나, 다윈(Darwin), 홀데인(Haldane)과 같은 사람은 극히 소수이고, 그런 사람과 같이 되는 데에는 어느 정도 행운에, 자신에게 온 기회를 움켜쥐는 용기가 필요하다는 것을 배우게 될 것이다.

인간의 활동 중에 가장 정직하며 가장 인간적인 활동에 들어 온 당신을 환영합니다.

INDEX 찾아보기

한글

영문